꺼!

밤하늘에 숨은 도형을 찾아라!

글 서원호 | 그림 최은영

밤하늘에 숨은 도형을 찾아라!

(주)자음과모음

차례

책머리에

10년 전 처음으로 별을 제대로 보았습니다. 밤하늘의 별을 낭만적으로만 생각하던 때였는데, 우연한 기회에 과학 교사 연수에서 천체 망원경으로 별을 보았습니다. 사실 별이 아닌 행성인 목성을 보았지요. 그때 본 목성의 기억이 아직도 충격으로 남아 있습니다. 과학 잡지에서나 볼 수 있는 목성의 줄무늬와 위성들을 제대로 보고 얼마나 놀랍고 신기했던지요.

그날 이후 저는 당장 천체 망원경을 사 버렸습니다. 학교에서 과학을 지도할 때면 아이들이 천체 부분을 제일 어려워합니다. 특히 3학년 아이들은 초승달이 서쪽에서 보이기 시작하는 걸 보고 달이 서쪽에서 뜬다고 말하기도 합니다. 해가 진 뒤 서쪽에서 밝게 빛나기 때문에 그렇게 알고 있는 것이지요.

아이들의 대부분은 우주와 별에 대해 관심이 아주 많아요. 저는 목성을 보고 놀란 경험을 아이들에게도 전해 주고 싶어 아직 익숙하지 않은 천체 망원경을 이리저리 돌려 달을 보여 주었습니다. 망

천체 망원경을 통해 목성의 줄무늬와 위성들을 볼 수 있다.

원경 작동이 미숙하여 한참을 움직여 달을 찾았을 때 아이들과 함께 환호했던 추억을 잊을 수가 없습니다. 그때 달과 목성을 보며 깜짝 놀라고 신기해하던 아이들의 모습을 아직도 생생하게 기억합니다.

요즘도 천체 망원경을 들고 별을 보러 다닙니다. 최근 드라마 〈별에서 온 그대〉 때문인지 "진짜 다른 별에 외계인이 존재할까요?"라고 묻는 아이들이 많습니다. 아이들의 호기심 어린 질문에 저도 꼭 있을 것만 같다고 대답합니다. 우리와 같은 태양계가 얼마나 많은데 그중에 인간과 같은 생명체가 없겠습니까? 지구에서 워낙 멀리 떨어져 있으니까 알기 어려운 것뿐이겠죠. 과학적으로도 지구와 닮은 행성이 많이 있다고 하니 믿음이 더 굳어십니다.

판테온 신전!

이 책은 판테온 신전에서 이야기가 시작되어요. 태양계를 돌고 있는 별, 1000년 된 바오바브나무와 그 뿌리 밑 비밀 장소에서 시작되는 세 꼬마 신들의 장난과 우정의 이야기예요. 주피토르, 새토르, 마르스는 행성의 이름에서 힌트를 얻어 탄생한 주인공들입니다. 이 꼬마 신들은 오메가 구슬 조각을 찾으러 지구에 와서 유니를 만나게 되죠. 유니는 여러분처럼 호기심이 많고 어려운 친구를 도와주는 따뜻한 마음을 가진 초등학생이에요. 처음 만난 꼬마 신들과 유니는 오메가 구슬 조각을 찾으면서 서로를 이해하고 친해집니다. 꼬마 신들과 유니가 오메가 구슬 조각을 찾는 여정을 함께하다 보면, 학교에서 태양계와 별자리를 공부할 때 어려웠던 부분을 쉽게 이해하게 될 거예요. 또 별자리에서 점, 선, 면을 찾아보고 행성과 도형을 융합하여 미션을 해결하는 과정을 통해서 수학과 과학을 좀 더 쉽게 이해할 수 있을 것입니다. 유니와 함께하는 신나는 별자리 이야기가 여러분을 색다른 판타지 속으로 안내할 것입니다.

끝으로 이 글의 주인공인 유니의 모티브가 된 사랑하는 딸 정윤이와 별에 관심을 갖게 해 준 아들 성윤이, 과학적인 오개념을 바로잡는 데 많은 도움을 주신 안소영 선생님, 김경록 선생님, 유인숙 선생님께 깊은 감사를 드립니다.

자, 이제 판테온 신전으로 여행을 떠나 볼까요? 새르카 퐁!

서원호

등장인물

주피토르

판테온 신전에 살고 있는 꼬마 신으로 새토르, 마르스와 단짝 친구다. 책 읽는 것을 좋아한다. 조용하면서도 결단력 있고 침착한 성격으로 친구들의 신뢰를 받고 있다. 위험에 처한 판테온 신전을 구하기 위해 지구로 간 새토르와 마르스의 연락을 기다린다.

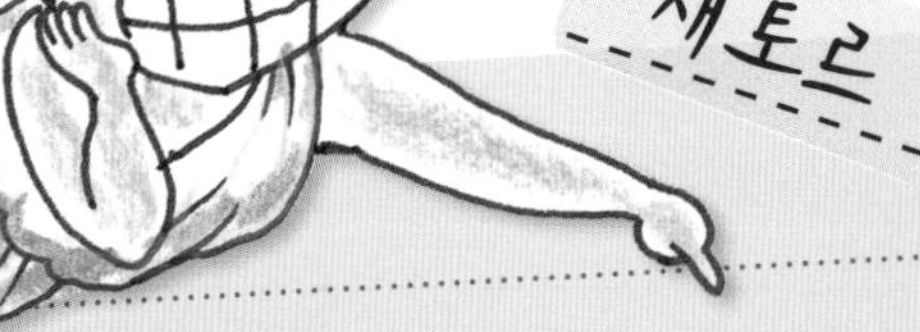

새토르

판테온 신전에 살고 있는 꼬마 신으로 주피토르의 친한 친구다. 식물 가꾸는 것과 수영하는 것을 좋아한다. 성격이 태평해 걱정이 없으며 호기심이 많다. 유쾌한 장난으로 친구들에게 늘 즐거움을 준다. 오메가 구슬 조각을 찾으러 마르스와 함께 지구로 갔다가 유니의 친구가 된다.

마르스

주피토르, 새토르와 함께 삼총사로 불리는 판테온 신전의 꼬마 신이다. 재빠르고 용감하며 적극적이어서 친구들에게 든든하나, 성격이 급해서 한 가지씩 빠뜨리곤 한다. 다혈질의 성격을 고치느라 불을 다루는 공부를 하고 있다. 지구에서 유니와 함께 오메가 구슬 조각을 찾으며 소중한 시간을 보낸다.

유니

지구에 사는 열두 살 소녀로 어려운 수학 문제나 탐정 문제에 도전해 해결하는 것을 좋아한다. 아빠와 자주 별을 보러 다녀서 천문과 우주에도 관심이 많다. 새토르와 마르스를 만나 함께 오메가 구슬 조각을 찾으러 다닌다. 자신이 아는 수학과 과학 지식을 동원해 오메가 구슬 조각을 찾는 단서들을 찾아낸다.

프롤로그

깨져 버린 오메가 구슬

"얍, 마르카!"

마르스가 기합 소리와 함께 구슬을 던졌다.

'휭, 쿵!'

구슬이 울타리 밖으로 날아가 떨어졌다.

"새토르, 이번엔 네 차례야."

마르스는 멀리 날아간 구슬을 보고 만족한 표정이다.

"이 정도 무게는 식은 죽 먹기이지!"

"새토르, 잠깐. 네 구슬 무게 좀 달아 보자. 너, 저번처럼 속이는 건 아니겠지?"

"좋아. 달아 봐!"

"이 저울에 올려."

무게를 달아 보니 ★ 100킬로그램이다.

"정확하지? 이제 던진다."

새토르가 구슬을 돌려받았다.

"야아압, 새르카!"

'쉉, 쿵!'

하늘이 진동하더니 멀리 1킬로미터나 날아갔다.

> ★ **킬로그램**
> 무게는 물체에 작용하는 중력의 크기이고, 질량은 물질이 가지고 있는 고유한 값이다. 무게의 단위인 '킬로그램중'이 정확한 표현이지만 지구상 모든 물체가 중력의 영향을 받기 때문에 일반적으로 '킬로그램'으로 표기한다.

"어때? 내가 더 멀리 던졌지?"

새토르의 구슬이 500미터나 더 멀리 날아간 걸 보고 마르스는 실망한 표정이다. 구슬 던지기 시합을 하면 번번이 새토르에게 지고 만다.

무슨 이유일까? 힘은 마르스가 더 센데!

"새토르, 너 나한테 속이는 거 있지?"

"내가 뭘 속였다고 그래!"

"너 갑자기 왜 말을 얼버무리고 그래? 도둑이 제 발 저리는 거 아냐?"

새토르가 자기보다 힘이 약한 게 분명하니 마르스는 의심할 수밖에 없었다.

"히히. 미안, 미안."

★ **원심력**
원운동을 할 때 중심으로부터 바깥쪽으로 작용하는 힘

사실 새토르는 방법을 다르게 했던 것이다.

"마르스, 사실은 내가 다른 방법으로 던진 거야. ★ 원심력을 활용했지."

새토르는 장난스러운 미소를 지으며 말했다.

"원심력?"

마르스는 '원심력'이란 말은 들어 봤지만 그게 공을 던지는 것과

무슨 관계가 있는지 도통 이해가 되지 않았다.

"그래, 원심력. 판테온 전투사들 못 봤어? 100톤이나 되는 구슬을 실에 묶어 던지는 거 말이야."

"봤어. 그게 그냥 던지는 거랑 무슨 차이가 있는데?"

“구슬 고리에 끈을 잘 묶고 이렇게 계속 돌리다가 던지면 원심력 때문에 더 멀리 나가는 거야.”

“원운동을 할 때 잡고 있는 중심(끈)으로부터 바깥쪽으로 작용하는 힘을 이용한 거구나.”

“그렇지!”

마르스가 주문을 외자 멀리 날아갔던 구슬 두 개가 되돌아와 발 앞에 떨어졌다.

“좋았어. 그럼 내가 한번 던져 볼래. 이렇게 고리에 튼튼히 끈을 묶고 던지라는 거지.”

마르스는 새토르가 알려 준 대로 혼자 중얼거리고 있다.

“얍, 마르카!”

‘쉉, 쿵!’

온 힘을 다해 주문을 걸자 무려 5킬로미터 지점에 구슬이 떨어졌다.

“와!”

새토르는 놀란 표정을 지었다.

“대단한걸. 무서운 힘이야.”

“내가 어떻게 던진 거지? 크하하.”

마르스는 순간 전율과 함께 대단한 힘이 솟구치는 것을 느꼈다.

멀리서 주피토르가 다가오고 있다. 새토르, 마르스와 주피토르는 판테온 신전의 삼총사 꼬마 신들이다.

"얘들아, 뭐 하고 있니?"

"구슬 던지기 게임 중이야. 새토르가 구슬 던지기 시합을 하자고 해서."

"구슬 던지기라면 마르스를 이길 수 없을걸."

주피토르는 마르스의 힘을 잘 알고 있었다.

"하지만 이번 경기에서는 내가 이겼지!"

새토르는 자랑스럽게 말했다.

주피토르는 믿지 못하겠다는 듯이 어깨를 으쓱하며 마르스를 바라보았다.

"새토르 말이 맞아. 오늘 새토르가 새로운 힘을 써서 나를 이겼어. 새토르에게 원심력이라는 힘을 사용하는 방법을 배웠지. 다음번에는 내가 이길 테니 두고 봐. 하하하."

"어떻게 이겼는데? 새로운 힘은 또 뭐야?"

주피토르는 새토르와 마르스를 번갈아 보면서 물었다.

"여길 봐. 이 구슬을 끈으로 묶어서 던지면 손으로 던지는 것보다 훨씬 멀리 날려 보낼 수 있는 힘이 생기는 거야."

새토르는 신이 나서 주피토르에게 원심력에 대해 설명해 주었다.

"참. 너희들 혹시 더 큰 구슬 구할 수 있니?"

새토르는 뭔가 더 재미있는 일을 하고 싶은 모양이다.

"그건 왜?"

"원심력은 무게가 무거울수록 힘이 더 세지거든. 무거운 구슬로 던지면 원심력 때문에 훨씬 멀리 날아갈 거야."

새토르의 장난에 속은 적이 몇 번 있었기 때문에 마르스와 주피토르는 믿지 않았다.

"에이, 말도 안 돼. 무거울수록 멀리 날아가기가 더 어렵다는 건 모두 알고 있는데."

★ **신전**
신들이 사는 곳. 여기서는 판테온을 지키는 신들이 사는 곳을 말한다.

마르스는 새토르의 장난에 넘어가지 않겠다는 듯 말을 막았다.

하지만 주피토르는 새토르의 제안이 흥미로웠다.

"그래? 더 큰 구슬이라……."

잠깐 궁리하던 주피토르는 ★ 신전에 있는 오메가 구슬이 생각났다. 판테온 신전 안쪽에 커다란 구슬이 놓여 있는 걸 본 적이 있었다.

"있어!"

"그런 게 어디에 있어?"

새토르와 마르스는 커다란 구슬이 있다는 사실에 흥분이 되었다.

"신전. 신전 안에 있는데 지금 아빠가 계셔서 몰래 들어가야 돼."

"괜찮을까?"

재미있는 일이라면 늘 앞장을 서는 새토르이지만 신전 안의 구슬이라니 조금 불안했다.

"일단 가 보자. 보기만 하는 건데 어때?"

마르스는 커다란 구슬을 보고 싶은 마음이 앞섰다.

"좋아. 가 보자."

새토르와 마르스는 주피토르를 따라 신전으로 향했다.

1000년 된 바오바브나무의 가지를 타고 나무뿌리 쪽에 있는 비밀 통로를 통해 아무도 모르게 신전 안으로 들어갔다.

"너무 깜깜한데……."

"가만있어 봐. 자, 여기 불을 켜 볼게."

마르스는 가지고 있던 작은 불씨를 꺼내 환하게 불을 밝혔다. 급하게 화를 내는 성격을 고치려고 요즘 불을 다루는 공부를 하느라 불씨를 가지고 다닌 것이 도움이 되었다.

신전에는 아무도 없었다.

"주피토르, 진짜 괜찮을까?"

"쉿! 조용히!"

마르스는 새토르가 자꾸만 걱정하는 탓에 신경이 쓰였다.

"괜찮아. 내 뒤로 떨어지지 말고 따라와."

주피토르가 능숙하게 안내하였다.

두꺼운 다이아몬드 문이 열리기 시작했다. 세 번째 마지막 문이 열리면서 드디어 오메가 구슬이 눈앞에 보였다.

"봐, 저기 있지."

"와, 엄청 크다."

"멋져!"

마르스는 오메가 구슬의 엄청난 크기에 입이 다물어지지 않았다.

"새토르, 정말 저 구슬을 던질 수 있겠어?"

주피토르는 새토르의 놀란 얼굴을 보며 장난스럽게 말했다.

"그럼. 이 정도의 구슬이라면 우리 판테온 신전 수천 킬로미터 밖으로 던지는 것도 식은 죽 먹기야."

새토르는 기죽지 않으려는 듯 주피토르의 말에 대꾸하며 구슬을 끈에 묶어 돌리는 시늉을 했다. 새토르의 장난스러운 모습에 주피토르와 마르스는 웃음을 참지 못하고 바닥을 뒹굴며 깔깔거렸다. 그사이 새토르는 구슬을 안아 옮기려는 듯 두 팔로 구슬을 잡았다. 그러자 꿈쩍하지 않을 것 같던 구슬이 흔들렸다.

"어, 어떡해!"

"새토르, 꽉 잡아!"

'쾅!'

갑자기 새토르가 균형을 잃고 미끄러지면서 오메가 구슬이 바닥으로 떨어졌다.

반대편에 있던 마르스도 얼른 손을 뻗쳐 구슬을 잡으려 했지만 이미 구슬은 산산조각이 나고 말았다.

세 꼬마 신들은 놀라 서로를 바라보며 어찌할 줄을 몰랐다.

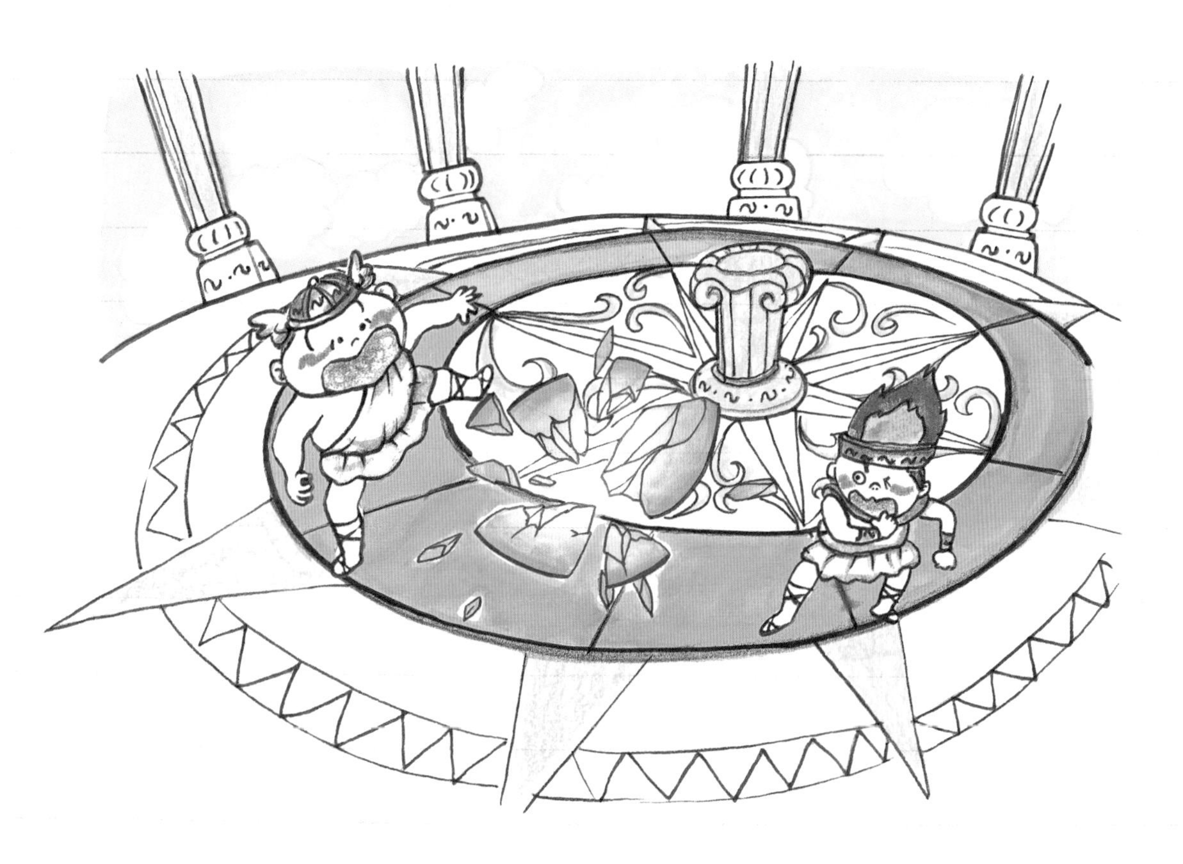

1. 오메가 구슬의 비밀

'쨍그랑!'

바닥으로 떨어진 오메가 구슬은 여러 조각으로 깨지고 여기저기로 흩어졌다.

바닥에 흩어진 오메가 구슬 조각을 보면서 세 꼬마 신들은 놀란 얼굴로 눈만 깜빡거렸다. 한참을 서로 얼굴만 쳐다보다 마르스가 입을 열었다.

"이거 어떡해?"

마르스의 질문에 새토르의 표정이 시무룩해졌다.

"휴. 나도 모르겠어."

주피토르도 근심이 가득한 목소리로 말했다.

세 꼬마 신들은 무엇을 어떻게 해야 할지 몰라 당황하고 있었다.

"일단 맞춰 보자."

항상 빠르고 급한 마르스가 먼저 깨진 구슬 한 조각을 손에 들었다.

"애들아, 얼른 흩어진 구슬 조각들을 찾아보자."

마르스의 말에 새토르와 주피토르도 일어나 구슬 조각을 찾기 시작했다.

"알았어. 새토르 너는 저쪽으로 가서 찾아봐."

신전은 오메가 구슬이 떨어진 후 아수라장이 되어 버렸다. 구슬 조각들은 어디로 갔는지 잘 보이지도 않았다.

"찾았다. 여기 몇 개가 더 있어. 새토르, 나 좀 도와줘."

마르스가 찾은 구슬 조각을 들고 새토르를 향해 소리쳤다.

그런데 새토르는 한구석에 쪼그린 채 뭔가 중얼거리고 있었다.

마르스와 주피토르는 새토르가 구슬 조각은 찾지 않고 뭘 하고 있는지 답답하여 다가갔다.

★ **삼각형**
세 점을 연결한 직선으로 이루어진 평면 도형

"이건 ★ 삼각형이네."

"새토르, 빨리 찾지 않고 앉아서 뭐 하는 거야?"

성미 급한 마르스가 핀잔을 주었다.

"얘들아, 나도 많이 찾았어. 그런데 이 모양들이 참 재미있지 않니? 여기 봐. 삼각형도 있고 뿔 모양도 있고……."

호기심 많은 새토르는 구슬 조각을 찾다가 또 재미난 놀잇거리를 발견한 모양이다.

"그래? 어디 봐."

새토르의 말을 들은 꼬마 신들은 이제 이런저런 모양의 구슬 조각들을 살피느라 혼날 걱정도 잊고 있었다.

"나도 찾았어."

마르스는 오각형, 직사각형, 평행사변형을 찾았고 주피토르는 육각형과 여러 가지 모양의 다각형을 일곱 개 찾았다.

한참을 신나게 찾고 보니 꽤 많은 조각들이 모였다. 보이는 것들은 다 찾은 것 같았다.

"얘들아, 이제 구슬을 맞춰 보자. 새토르, 나 좀 도와줄래?"

"나도 도와줄게."

마르스가 어느새 찾은 조각들을 들고 와서 조각 맞추기를 시작하였다.

"자, 하나씩 맞춰 보자."

"여기는 오각형이 딱 맞는걸. **오각형이란 각이 다섯 개인 도형을 말하는 거지.**"

"오각형은 ★ 꼭짓점이 몇 개인지 아니?"

> ★ **꼭짓점**
> 각을 이루고 있는 두 변이 만나는 점

새토르는 이 상황에서도 도형이 신기한지 주피토르에게 질문을 했다.

"다섯 개지. 새토르, 또 맞춰 보자."

"어휴. 조각을 맞추기가 생각보다 어렵네."

마르스는 깨진 조각이 잘 맞춰지지 않자 얼굴이 붉으락푸르락해졌다. 마르스는 친구들 앞에서 갑자기 화를 낼까 봐 바지 주머니 속의 불씨를 생각했다. 조금씩 커지던 불씨가 다시 작아졌다.

"마르스, 오메가 구슬이 구라서 맞추기가 쉽지 않을 거야. 신중하게 천천히 하자."

주피토르는 마르스의 급한 성격을 걱정하며 말했다.

"구?"

"응. 공처럼 둥근 것을★ 구라고 해."

역시 주피토르는 모르는 것이 없었다.

"아, 구슬도 공처럼 둥그니까 구라는 거지?"

옆에서 듣고 있던 새토르가 끼어들었다.

★ 구
3차원 공간의 한 점에서 같은 거리에 있는 모든 점으로 이루어진 입체

"이 조각이 도무지 맞지 않아. 누가 좀 도와줘."

마르스의 외침에 새토르가 얼른 조각을 들고 조심스럽게 맞춰 보았다.

"어디 봐. 이 부분에 맞는 것 같은데."

그 순간 신기하게도 조각난 부분의 금이 감쪽같이 사라졌다.

"얘들아, 여기 봐. 구슬이 원래대로 맞춰지고 있어."

서로 얼굴을 바라보던 세 꼬마 신들이 분주히 움직이기 시작했다. 이제 깨진 조각을 찾아 맞추기만 하면 원래대로 감쪽같이 만들어 놓을 수 있다는 생각에 흥분이 되었다.

'휴, 살았다. 어서 깨진 조각을 다 찾아 맞추기만 하면 오메가 구슬은 감쪽같이 처음 모습대로 되는 거야.'

마르스, 새토르, 주피토르는 세 군데에서 각자 구슬을 맞추기로 했다. 얼마나 시간이 지났을까. 주피토르가 먼저 입을 열었다.

"어? 여기는 반원 모양이 필요해. 누구 반원 모양 가지고 있어?"

"여기도 거의 끝나 가. 이 부분에 사각형 조각만 붙이면 돼."

마르스도 주피토르에게 말했다.

"짜잔. 이쪽은 삼각형 조각만 붙이면 완성이다!"

새토르도 어느새 다 맞추고 모자란 조각을 찾기 시작했다.

세 꼬마 신들은 얼른 마지막 조각들을 찾아 붙이려고 신전 구석구석을 뒤졌다. 이제 세 조각만 찾으면 되는데…….

해가 지는 시각이 다가오고 있었다. 해가 지면 판테온 신전의 커다란 문은 굳게 닫히고, 판테온 신전 밖은 모든 것이 멈추고 잠이 든다. 세 꼬마 신들은 얼른 조각을 끼워 넣어 구를 완성하고 제자리로 돌아가야만 했다.

“세 조각은 어디 있을까?”

아무리 찾아도 보이지 않았다. 주피토르가 힘없는 목소리로 말했다.

“큰일이야. 이제 해가 지면 아빠가 판테온 신전의 문을 닫으러 오실 텐데……. 분명히 크게 화내실 거야. 저렇게 큰 구슬이라면 틀림없이 매우 중요한 것일 텐데. 후.”

“주피토르, 미안해. 다 내 잘못이야. 너희들은 먼저 나가. 내가 잘못을 빌게.”

새토르가 풀 죽은 목소리로 말했다.

"무슨 소리야? 오메가 구슬에 대해서 말한 건 바로 나잖아. 내 잘못이야."

주피토르는 새토르를 위로하며 말했다.

"얘들아, 여기 몰래 들어온 건 우리 셋, 모두 함께였어. 누구 한 사람의 잘못이 아냐. 우리 같이 용서를 빌자."

마르스는 주머니 속의 불씨를 다시 한 번 생각하며 조급해지려는 마음을 가라앉혔다.

"아, 도대체 세 조각은 어디 있는 걸까?"

세 꼬마 신들은 어찌해야 좋을지 몰랐다.

"이놈들!"

세 꼬마 신들이 판테온 신전 앞에 무릎을 꿇고 앉아 있다. 어떤 불호령이 떨어질지 몰라 숨소리조차 죽인 채 고개를 떨구고 있다.

"이게 어떻게 된 일이냐?"

주피토르가 대답했다.

"죄송해요. 제가 친구들에게 큰 구슬을 보여 주려고 하다가 그만……."

"죄송합니다. 제 탓이에요. 제가 너무 가까이 다가가지만 않았더라도 이런 일은 없었을 거예요."

새토르는 고개를 숙여 진심으로 용서를 구했다.

"죄송합니다. 제 잘못이 큽니다. 제가 잘 잡았더라면 이렇게 산산조각이 나지는 않았을 텐데……."

세 꼬마 신들이 서로 자신의 잘못이라고 뉘우치는 모습을 보고, 주피토르의 아빠는 흥분을 가라앉히고 조용히 말했다.

"이 녀석들아, 이 구슬이 얼마나 중요한 것인지 진작 가르쳐 주지 않은 내 탓이구나. 저 오메가 구슬은 다른 구슬과는 비교도 할 수 없는 것이란다. 바로 이 신전을 지키는 구슬이면서 또한 ★ 태양계의 질서

★ 태양계
태양과 태양을 중심으로 공전하는 8개의 행성(수성, 금성, 지구, 화성, 목성, 토성, 천왕성, 해왕성)과 그 위성, 그리고 소행성, 혜성, 유성 등을 통틀어 태양계라고 한다.

를 지키는 역할을 하는 중요한 구슬이지.
그런데 왜 오메가 구슬을 보고 싶었던 거냐?"
"구슬 던지기 놀이를 하고 있었어요. 한참 원심력에 대해 이야기를 나누다가 더 큰 구슬을 찾게 되었어요. 죄송합니다."
새토르의 이야기를 들은 주피토르의 아빠는 마음이 조금 풀어졌다.
"너희가 구슬놀이를 할 때 끈을 잡고 구슬을 돌리면 구슬이 떨어지지 않는 것처럼, 이 신전을 지키는 오메가 구슬은 신전의 모든 생명체를 끌어당기며 또한 에너지를 주는 힘을 지니고 있단다. 휴, 어쩌다 이런 일이……."
세 꼬마 신들은 아무 말도 할 수가 없었다.
"이제 오메가 구슬이 깨졌으니 앞으로 어떤 곳에서 어떤 일이 일어날지 걱정이구나. 저기 화분의 꽃을 보렴."
조금 전까지 멀쩡하던 꽃들이 시들어 가고 있었다.
"밖을 봐라."
"어? 우주의 별들이 점점 멀어지는 것처럼 보여요."
"판테온이 움직이지 않고 있다는 증거야. 판테온 신전은 태양계의 질서를 관장하며 떠 있는 아름다운 신전으로 태양계의 신들이 모여 사는 성스러운 곳이지."
"태양계요?"

"주피토르, 새토르, 마르스! 너희가 아직 어려서 자세한 이야기를 하지 않았지만, 이제 우리 신전에 대해서 이야기를 들려주어야겠구나. 우주에는 수많은 은하가 있단다. 우리 판테온은 그중 하나에 존재하고 있지. 우리 은하에 태양계가 생기고 한참 후에 행성들이 생겨났는데 그중 몇 개는 태양을 중심으로 질서를 갖게 되었지. 그때 이 오메가 구슬이 우리 판테온에 떨어졌는데, 그때부터 우리 판테온은 태양계의 질서를 관장하는 힘을 갖게 되었단다. 태양계는 몇 개의 행성으로 이루어져 있는데, 판테온 신전에는 각 행성의 질서

태양계에는 8개의 행성이 있다.

를 담당하는 신들이 따로 있단다. 너희도 좀 더 크면 각자 행성을 맡아서 평화와 질서를 위해 힘쓰게 되지. 그 힘은 바로 이 오메가 구슬로부터 나오는 거야. 그래서 우리 선조들은 판테온 신전을 짓고 이 구슬을 소중하게 모셔 왔지. 그런데 이렇게 깨질 줄은 상상도 못했구나."

설명을 들을수록 더욱 죄스러워 어깨가 움츠러드는 꼬마 신들을 바라보던 주피토르의 아빠가 걸음을 옮기며 말했다.

"자, 일어나서 이리 와 보렴. 태양을 중심으로 행성들이 이렇게 돈단다."

"우아, 저게 다 뭐예요?"

밖은 깜깜했다. 세 꼬마 신들은 깜짝 놀랐다.

"걱정 마라. 해가 지고 나면 신전 밖은 깜깜해지고 모든 것이 멈춰 잠이 들지만, 여기 신전 안은 오메가 구슬의 힘으로 해가 진 후에도 멈추지 않는단다. 아직까지 오메가 구슬의 힘이 남아 있어서 다행이구나."

주피토르와 새토르, 마르스는 다시 밖을 바라보았다.

"저것들은 태양계의 행성이란다."

세 꼬마 신들은 판테온 밖에서는 볼 수 없었던 행성들을 신전 안에서 처음으로 보았다.

"행성이 뭐예요?"

"행성은 태양의 둘레를 공전하는 천체야."

꼬마 신들은 고개를 끄덕였지만 실은 잘 알지 못하는 눈치였다.

"공전은 뭔가요?"

주피토르가 먼저 물었다.

"행성들이 태양의 둘레를 주기적으로 도는 걸 말하는 거야. 이해되니?"

"그럼 행성을 도는 천체도 있나요?"

호기심 많은 새토르가 긴장이 좀 풀린 듯 말을 하기 시작했다.

"물론 있지. 위성이라고 한단다. 위성은 행성의 둘레를 공전하는 천체를 말해. 그 밖에 소행성이라는 것도 있는데 우리 신전 주위에서 많이 돌고 있어. 알려진 게 35만 3926개 정도란다."

"우아!"

수십만 개나 되는 천체들이 신전 주위에서 돌아다닌다는 말에 꼬마 신들은 눈이 동그래졌다.

"일이 이렇게 벌어진 이상 너희에게 꼭 보여 줄 게 있다. 날 따라오렴."

꼬마 신들에게 보여 주기에는 이르다고 여겨졌지만, 오메가 구슬이 위험에 처해 있는 만큼 망설일 수가 없었다. 여러 방을 지나쳐서 마침내 신전의 끝에 다다랐다는 느낌이 들 즈음 주피토르의 아빠가 말했다.

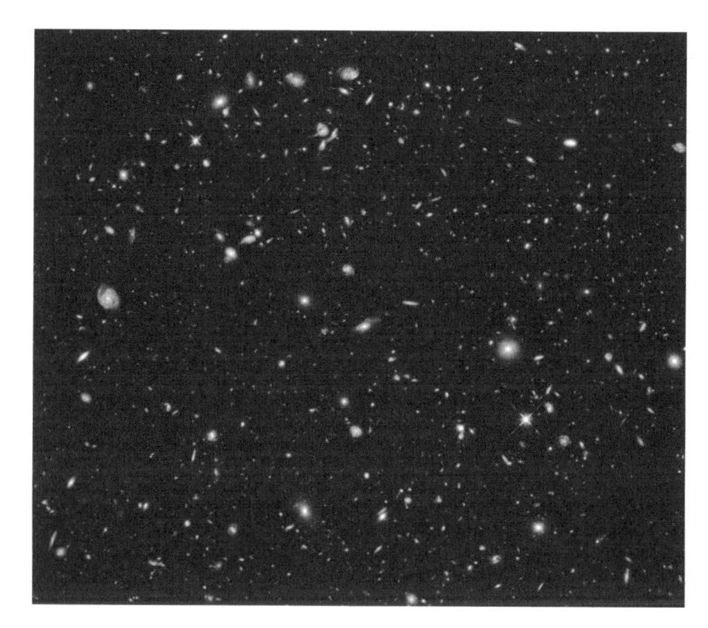

우주에는 수많은 별과 행성이 있다.

"여기다."

한쪽 벽이 열리더니 넓은 우주가 한눈에 보였다. 수많은 별과 행성, 은하까지도 가까이 보였다.

"우주에는 우리 태양계의 태양처럼 큰 힘을 내는 별들이 많이 있단다. 그래서 판테온 신전이 속한 태양계 말고도 여러 개의 태양계가 있지. 또 먼 은하에는 우리와 비슷한 행성도 있고. 이쪽을 보렴. 우리가 있는 태양계의 행성들이 보이는구나. **태양을 중심으로 수성, 금성, 지구, 화성, 목성, 토성, 그리고 저기 천왕성, 해왕성이 있단다.**"

"와, 멋져요!"

마르스가 감탄하며 외쳤다.

"정말! 왜 진작 이런 걸 못 보았을까? 우리처럼 누군가 살고 있는 건가요? 꼭 한 번 가 보고 싶어요."

호기심 많은 새토르는 벌써부터 먼 행성에 빠진 듯 들뜬 목소리로 말했다.

"태양을 중심으로 도는 행성들은 제각기 크기가 다르고 환경도 다르단다. 그래서 생명체가 사는 곳도 있고 그렇지 않은 곳도 있지."

"굉장해요. 판테온 신전이 이렇게 아름다운 태양계의 질서를 관장하고 있다니 정말 놀라워요."

새토르와 마르스는 깨진 오메가 구슬은 벌써 까맣게 잊고 새로 알게 된 이야기에 들떠 있었다.

그때 잠자코 듣고 있던 주피토르가 아빠에게 물었다.

"그런데 저희에게 태양계를 보여 주시는 이유가 있는 건가요?"

역시 예리했다.

주피토르의 아빠가 세 꼬마 신들을 이 방으로 데리고 온 건 그들이 앞으로 해야 할 일이 있기 때문이었다.

"마르스, 얼른 와."

"너희들 벌써 와 있었어?"

다음 날 세 꼬마 신들은 다시 신전에 모였다. 오메가 구슬이 깨진 후 신전이 전과 달라지고 있었기 때문에 주피토르의 아빠가 이들을 부른 것이다. 저만치서 주피토르의 아빠가 다가왔다.

"판테온 신전의 대표 신으로서 명령할 것이 있어서 모이라고 했다. 이제 너희가 할 일을 말할 테니 잘 새겨들어야 한다."

꼬마 신들은 큰 벌을 받는 줄 알고 덜덜 떨고 있었다.

"저희가 할 일요?"

"너희가 할 일은 오메가 구슬 조각을 찾아오는 것이다. 지난번에 찾지 못한 구슬 세 조각은 이 판테온 신전에는 없을 것이다. 아마도 태양계의 다른 행성으로 떨어졌을 거야. 너희들이 들어왔을 때 판테온 신전은 지구 가까운 곳을 지나고 있었단다. 그러니 내 생각에는 지구나 그 근처 행성에 오메가 구슬 조각이 있지 않을까 싶구나. 너희들이 그것을 찾아와야 한다. 그래야만 판테온의 질서뿐만 아니라 태양계의 평화가 다시 올 테니!"

세 꼬마 신들은 어리둥절했다. 주피토르의 아빠도 모르는 그곳으로 가서 오메가 구슬 조각을 찾아 가져오라니 터무니없는 일이 아닐 수 없었다.

"어떻게 찾지?"

"글쎄. 어떻게 가야 하지?"

마르스와 새토르는 귓속말로 소곤댔다. 도무지 엄두가 나지 않았다.

"주피토르, 네가 말을 좀 해 봐."

"그래. 네 아빠께 말씀을 드려, 못하겠다고."

"우리가 오메가 구슬 조각을 찾아 무작정 떠났다가는 우주 미아가 될지도 몰라."

주피토르는 마르스와 새토르의 말에 기분이 나빴다. 누구 때문에 일이 이렇게 커졌는데, 애꿎게 자기만 혼나는 듯했다.

"아빠, 저희가 어떻게 찾아야 할지 좀 알려 주세요."

"그래. 이제부터 너희들에게 몇 가지를 일러 줄 테니 잘 기억하도록 해라. 이쪽으로 오렴."

주피토르의 아빠는 커다란 창문 밖의 행성들을 가리키며 말씀하셨다.

"태양계 행성으로는 태양에 가까운 순서대로 수성, 금성, 지구, 화성, 목성, 토성, 천왕성, 해왕성이 있단다."

그러고는 미리 준비해 놓은 컴퍼스를 세 꼬마 신들에게 주었다.

"이걸로 무얼 하시려는 거지?"

새토르는 고개를 갸우뚱하며 마르스를 바라보았다. 마르스도 어리둥절한 표정이었다.

"시작해 보자. 태양계를 이해하려면 먼저 태양계의 크기를 알아야 해."

주피토르의 아빠가 도표를 펼쳐 벽에 걸었다. 도표에는 태양과 행

천체	반지름 길이(km)	지구 반지름을 1로 할 때	천체	반지름 길이(km)	지구 반지름을 1로 할 때
태양	695,000	108.97	목성	71,492	11.21
수성	2,439	0.38	토성	60,268	9.45
금성	6,052	0.95	천왕성	25,559	4.01
지구	6,378	1	해왕성	24,764	3.88
화성	3,390	0.53			

성들의 반지름이 빼곡히 적혀 있었다.

세 꼬마 신들은 새로운 행성 이야기에 귀를 기울였다.

"태양의 크기는 반지름이 69만 5000킬로미터로 지구의 약 109배나 되지. 신전 근처에 있는 목성은 지구보다 더 크단다. 자, 그럼 컴퍼스를 들고 실제로 그려 보자."

"도화지, 여기 있습니다."

언제 챙겼는지 주피토르가 도화지를 내밀었다. 역시 주도면밀한 주피토르다.

"그래. 태양은 너무 크니까 도화지 끝에 한쪽만 그리고 태양에서 가까운 수성부터 컴퍼스로 ★ 원을 그려 보자."

"★ 반지름으로 0.38센티미터를 재서 그리면 되죠?"

마르스가 먼저 컴퍼스를 들고 작은 원을 그렸다.

"그래, 잘했다. 새토르 너는 좀 더 큰 지구를 그려 봐라."

"알겠습니다. 컴퍼스로 1센티미터를 잰 뒤 도화지에 원의 중심을 잡고 빙 돌려 그리면 되는군요."

★ 원
평면 위의 하나의 점에서 같은 거리에 있는 점들을 이은 곡선

★ 반지름
원의 중심에서 원 둘레 위의 한 점에 닿는 선분

"주피토르야, 목성의 반지름은 지구 반지름의 몇 배가 되니? 한번 계산해 보렴."

주피토르는 잠깐 생각하더니 연필로 계산하기 시작했다.

$$71492 \div 6378 = 11.209$$

"약 11.2배가 되네요. 반지름이 11.2센티미터니까 지름이……."

"지름은 22.4센티미터네. 크크."

새토르가 말을 가로챘다. 이제 세 꼬마 신은 공부가 재미있고 즐거워 보였다.

"모두 재미있나 보구나. 하지만 긴장을 풀면 안 된다. 우리가 지금 공부를 하는 것은 오메가 구슬 조각을 찾아야 하기 때문이라는 걸 명심하거라."

그때 새토르가 손가락으로 자기가 그려 놓은 원을 따라가면서 물었다.

"이것을 무엇이라고 하나요?"

"좋은 질문이다. 원주 또는 원둘레라고 한단다. 이 원둘레의 길이를 구할 수 있겠니?"

"잘 모르겠어요."

모두 고개를 가로저었다. 주피토르 아빠가 탁자에서 물병을 들고 오며 말을 이었다.

"원주를 구하기는 쉽지 않아. 원주를 구하는 방법을 알아보기 위해 먼저 이 물병과 풀 용기 둘레의 길이를 재어 보자꾸나."

둥그런 물통의 둘레를 재기 위해 꼬마 신들은 실을 이용하기로 했다.

새토르가 물병에 실을 둘러 물병 둘레만큼 실을 잡자 주피토르가 자를 들고 와서 길이를 쟀다.

"21.98센티미터야."

마르스가 풀 용기에 둘렀던 실의 길이도 쟀다.

"이건 12.56센티미터."

"물병과 풀 용기의 둘레의 길이를 재었으면 그 값을 각 원의 지름으로 나눠 보렴."

주피토르의 아빠가 자 두 개를 내밀며 말했다.

꼬마 신들이 자 두 개를 물병 양옆에 나란히 붙여 놓고 그 사이의 거리를 재니 7센티미터였다. 같은 방법으로 풀 용기의 지름을 재니 4센티미터다.

"물병의 둘레를 지름으로 나누는 건 내가 할게."

빨리 궁금증을 풀고 싶은 새토르가 어느새 연필을 들고 계산하고 있었다. 마르스도 질세라 풀 용기의 치수를 적으며 계산에 들어갔다.

물병의 둘레 길이: 21.98cm, 지름: 7cm

$$21.98 \div 7 = 3.14$$

풀 용기의 둘레 길이: 12.56cm, 지름: 4cm

$$12.56 \div 4 = 3.14$$

"신기한데요. 모두 3.14가 나와요."

마르스와 새토르가 계산하는 것을 지켜보던 주피토르가 놀란 목소리로 말했다.

"그렇지. 너희가 재 보았듯이 원의 둘레, 즉 **원주는 원 지름의 길이의 약 3.14배가 된단다.** 따라서 원주를 구하는 공식은 이렇게 되지."

원주율 = 원주 ÷ 지름

원주 = 원주율 × 지름

"그럼 목성의 지름을 22.4로 계산할 때 그 원의 둘레의 길이는 이렇게 되겠네요."

$$3.14 \times 22.4 = 70.336$$

"행성의 크기를 알았으니 이제는 행성들 간의 거리를 알아보자."

세 꼬마 신들은 태양계 행성들 간의 거리를 알아보기 위해 넓은 마당으로 나왔다.

"이번에는 태양에서 떨어진 거리를 알아보자. 태양과 지구 사이의 실제 거리는 약 1억 5000만 킬로미터란다. 이것을 1이라고 해서 기준으로 삼으면 태양에서 화성, 목성, 토성까지의 거리는 어떻게 되겠니?"

"거리를 구하면 이렇게 돼요."

계산이 빠른 새토르가 순식간에 계산하였다.

천체	태양에서 행성까지 거리 (만 km)	태양에서 지구까지 거리를 1로 할 때	천체	태양에서 행성까지 거리 (만 km)	태양에서 지구까지 거리를 1로 할 때
수성	579	0.39	목성	7,783	5.20
금성	1,082	0.72	토성	14,262	9.53
지구	1,496	1.00	천왕성	28,795	19.25
화성	2,279	1.52	해왕성	45,130	30.17

화성 : $2279 \div 1496 = 1.52\cdots$

목성 : 7783÷1496=5.20…

토성 : 14262÷1496=9.53…

"잘했다. 이제 구한 값에다 10을 곱해서 운동장 가운데 한 점을 중심으로 원을 그려 보아라."

세 꼬마 신들은 운동장에 큰 원을 그리기 시작했다.

'슝슝.'

"지금부터 달리기 게임을 하겠다. 달리기를 해서 1등 한 명과 맨 꼴찌 한 명이 흩어진 오메가 구슬 조각을 찾으러 떠날 것이다. ★ 트랙을 하나씩 골라 출발선에 서라."

★ **트랙**
육상 선수가 달리는 경기장의 길

"난 토성 트랙. 주피토르 넌?"

새토르가 먼저 말했다.

"나는 목성 트랙!"

"마르스 너는?"

"그럼 나는 화성 트랙이지."

모두 긴장하고 있는 모습이었다.

"이건 태양계 달리기 게임이다. 행성들 간의 거리를 느껴 보는 게임이지."

새토르는 일단 게임이니만큼 꼭 이기고 싶은 마음이었다.

마르스와 주피토르는 어떨까? 마르스는 워낙 힘이 센 데다가 성격도 급하니 힘껏 뛸 것이고, 주피토르는 다들 알다시피 달리기가 빠르다.

"자, 이제 출발선에서 시계 반대 방향으로 뛸 것이다. 준비되었느냐? 출발!"

"마르스, 넌 왜 이렇게 빨리 도는 거야?"

달리기가 빠른 주피토르가 마르스에게 말을 걸었다.

"난 더 빨리 달리고 싶은데 왠지 힘이 드네."

마르스가 대답하고는 고개를 돌려 힘들게 저 멀리서 쫓아오는 새토르에게 물었다.

"새토르, 너는 왜 그렇게 늦게 돌아?"

"나도 모르겠어. 토성 트랙을 따라 도니까 한 바퀴 도는 게 힘들고 너무 멀어."

"나도 마찬가지야. 목성 트랙이 왜 이렇게 힘이 들지?"

주피토르도 답답한 듯이 말했다.

세 꼬마 신들은 빨리 뛰고 싶었지만 발이 말을 듣지 않았다. 왜 자신들의 생각과는 다르게 일정한 속도로 뛰게 되는지 의아했다.

한참 동안 운동장을 돌고 마침내 차례로 결승점에 들어왔다.

"1등 마르스, 2등 주피토르, 3등 새토르!

앞서 말한 대로 오메가 구슬 조각을 찾을 두 명은 마르스와 새토르다."

주피토르가 궁금함을 참지 못하고 질문하였다.

"그런데 이상하게 발이 내 맘대로 움직이지 않았어요."

"그건 너희 셋 모두에게 일정한 속도로 뛰도록 내가 마법을 걸었기 때문이지."

주피토르를 남겨 놓기 위해 마법을 건 것 같아 조금 이상한 생각이 들었지만, 오메가 구슬 조각을 찾아야 하기에 마음이 급해졌다.

이제 오메가 구슬 조각을 찾으러 떠날 친구는 새토르와 마르스로 정해졌다. 주피토르는 남아서 찾은 오메가 구슬 조각을 맞추기로 했고 꼬마 신들은 서로 손을 꼭 잡고 오메가 구슬 조각을 찾아 원래대로 맞춘 후 다시 만나자고 다짐했다.

"조심히 다녀와."

"그래. 우린 할 수 있어!"

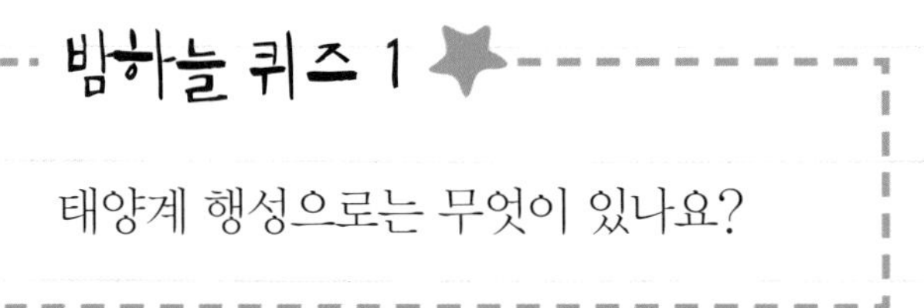

2. 사라진 별

"학교 다녀왔습니다. 아빠, 뭐 하고 계세요?"

학교를 다녀온 유니는 아빠가 망원경을 만지고 있는 것을 보고 말을 건넸다.

"망원경을 점검하고 있어. 가방 놓고 이리 와서 앉아 봐."

"네, 잠깐만요. 손 좀 씻고 올게요."

유니는 아빠가 모처럼 일찍 오셔서 너무 좋았다.

"와! ★ 천체 망원경이다. 망원경이 내 키만 하네요!"

"그렇구나. 우리 유니만 하네. 하하하."

아빠는 망원경을 점검하고 천체 관측을

★ **천체 망원경**
우주의 별, 행성 등을 관찰하는 망원경

떠날 채비를 하느라 분주하였다.

"아빠, 다 챙기셨어요?"

유니는 얼른 별을 보고 싶은 마음에 아빠를 재촉했다.

"유니야, 경통 좀 챙겨 줄래?"

유니는 지난번에도 아빠를 따라 별 관측을 했던 경험이 있어서 제법 아빠를 잘 도왔다. 얼른 경통을 드는 유니를 아빠가 흐뭇하게 바라보았다.

별을 보기 위한 천체 장비가 차의 뒷자리를 가득 채웠다. 유니는 아빠의 옆자리에 앉으며 "출발!" 하고 외쳤다.

'붕!'

자동차가 가볍게 출발했다.

오늘따라 유니는 기분이 들떴다. 뭔가 좋은 일이 생길 것만 같은 느낌이 들었다.

"아빠, 다 왔어요?"

유니는 경통을 어깨에 메고, 아빠는 양손 가득 이것저것 들고 언덕을 올랐다.

언덕 꼭대기에 오르니 밤바람이 상쾌하게 느껴졌다.

"아빠, 별을 보려면 항상 이렇게 무겁게 들고 다녀야 해요?"

경통을 내려놓으며 유니가 말했다.

"우리 유니가 힘들었나 보구나. 그런데 밤하늘의 멋진 별을 보려면 어쩔 수가 없구나. 미안. 대신 망원경에 대해 이야기해 줄까?"

유니는 고개를 끄덕이며 얼른 망원경 옆으로 다가갔다.

"자, 이건 **볼록 렌즈를 사용한 굴절 망원경**이라고 해."

아빠는 경통을 조립하며 망원경에 대해 설명하였다.

"아주 옛날에 갈릴레이가 천체를 관측할 때는 오목 렌즈와 볼록 렌즈를 사용했어."

"그럼 어떻게 보여요?"

"**상이 ★ 정립상, 즉 똑바로 보이지만 시야가 좁다는 단점이 있어.** 그 후에 케플러는 볼록 렌즈와 볼록 렌즈를 사용했는데, 이건 시야가 넓지만 거꾸로 보인다는 단점이 있었지. **볼록 렌즈와 볼록 렌즈가 있을 때는 상이 상하좌우가 바뀌어 보이거든.**"

★ 정립상
물체의 상이 똑바로 보인다.

"신기하네요."

"또 거울로 만든 반사 망원경이 있단다."

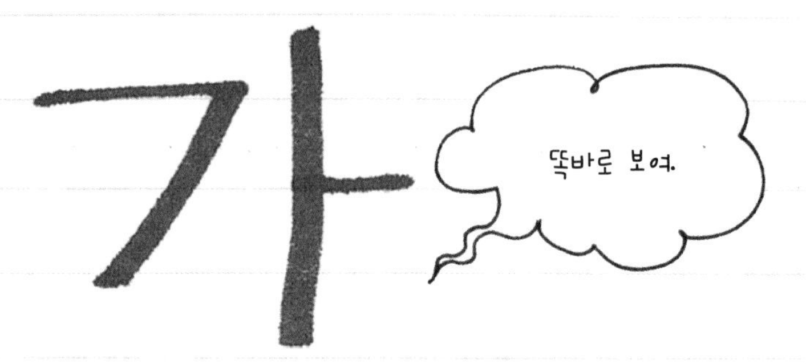

유니는 아버지가 말한 천체 망원경들로 밤하늘의 별들을 보고 싶었다.

밤하늘이 참 맑아 보였다. 한없이 많은 별들이 서로 무엇인가 말하는 것처럼 반짝반짝 빛나고 있었다.

"우리 유니, 생일이 곧 다가오지? 아빠가 멋진 선물을 줄까?"

"진짜요?"

유니는 기대에 찬 목소리로 대답했다.

“우리 유니 생일이 8월 초니까 사자자리구나. 행운의 숫자는 2이고, 행운의 색은 주황색이구나.”

“네, 저도 알아요. 아빠는 몇 월에 태어나셨어요?”

“아빠 생일은 양력으로 2월 17일이야. 왜?”

“2월 17일이면 물병자리네요. 가을에 보이고 행운의 숫자는 4, 행운의 색은 초록색이에요. 이상형은 쌍둥이자리나 천칭자리, 아니면 물병자리. 크크.”

유니는 생일 별자리에 대해 어떻게 알았는지 아빠의 이상형까지 알려 주고 있다.

“이상형? 네가 어떻게 그런 걸 알고 있니?”

“별자리 책에서 봤어요. 황도 12궁이라고 하던데요.”

“★ 황도 12궁이 뭔지 알아?”

“태양이 지나가는 자리 근처에 있는 12개의 별자리에요.”

“잘 알고 있네!”

유니와 생일 별자리 이야기를 나누던 아빠가 밤하늘을 손가락으로 가리켰다.

“저길 보렴.”

★ 황도 12궁
태양이 지나가는 길을 황도라고 하며 태양은 한 달에 하나씩 12개의 별자리를 지나간다. 이 별자리들을 황도 12궁이라고 하며 양자리, 황소자리, 쌍둥이자리, 게자리, 사자자리, 처녀자리, 천칭자리, 전갈자리, 궁수자리, 염소자리, 물병자리, 물고기자리가 이에 속한다.

"어디요?"

"저기, 희미하게 빛나는 별! 하루 종일 저 별을 보다 보면 다른 별들이 저 별을 중심으로 돈다는 것을 알 수 있단다."

"북극성이죠?"

유니는, 이동할 때나 항해할 때 길잡이별로 북극성을 이용하며 **조난당했을 때 북극성을 찾으면 안전하게 대피할 수 있다고** 아빠가 말해 준 것을 떠올리며 대답했다.

"아빠, 오늘은 어떤 걸 볼 거예요? 지난번에 새로운 행성을 보여 준다고 하셨는데."

천체에 관심이 많은 유니는 눈을 크게 뜨고 밤하늘을 쳐다보며 물었다.

"오늘은 목성을 볼 거야. **태양계 행성 중에서 제일 큰 행성이지.** 지름이 지구의 11배쯤 되거든. 잘하면 목성의 띠도 볼 수 있을걸."

"와, 진짜요? 지구의 11배라니 정말 큰 행성이네요."

유니는 지구 크기의 11배나 되는 행성이라면 멀리 떨어져 있다 해도 달만 한 크기로 보이지 않을까 짐작하였다. 그런데 밤하늘을 아무리 살펴보아도 띠를 두르고 있는 달만큼 큰 행성은 보이지 않았다.

"음, 이상하다. 아빠, 아무리 봐도 그렇게 큰 행성은 없는데요!"

밤하늘에는 작은 별들만 가득했다. 마치 무수히 많은 점들이 하늘에 박혀 있는 것처럼 보였다. 그 많은 별들 중에 목성 같은 것은 보이지 않았다.

"하하하. 유니야, 목성은 지구보다 11배쯤 크지만 달보다 훨씬 멀리 떨어져 있기 때문에 달처럼 크게 보이지는 않는단다. 저 밤하늘의 별들이 작은 점처럼 보이는 것은 우리가 생각하는 것보다 훨씬 멀리 지구에서 떨어져 있기 때문이야."

아빠는 유니 손을 잡고 눈 가까이 가져가며 말했다.

"달보다 네 손바닥이 더 크지 않니? 이런 원리란다."

"그렇구나. 멀리 있으니까 큰 행성도 작은 ★ 점처럼 보인다는 거네요."

> ★ **점**
> 점은 위치만 있고 넓이와 길이가 없다.

"점과 점을 이으면 뭐가 되지?"

아빠가 뜬금없이 물었다.

유니는 의아한 표정으로 아빠를 바라보았다.

"별 하나를 점이라고 생각하고 별과 별을 이어 봐. 선이 되지! 저기 백조자리의 별들을 서로 이어 볼래?"

"아, 별들을 선으로 이어서 그림을 그리면 별자리가 되는 거구나."

"그렇지. 옛날 사람들은 밤하늘의 별들을 보면서 별과 별을 선으로 이어 재미있는 그림을 연상하고 신화 같은 별자리 이야기를 만들었단다. 우리 유니도 밤하늘에 그림을 한번 그려 볼래?"

"음, 생각났다. 저기 네 개의 별들을 곡선으로 잇고 양 끝의 별을 이으면 아빠의 웃는 입 모양이 만들어져요."

"하하하. 우리 유니 똑똑한걸. 점들이 곧게 뻗어서 모여 있으면 직선, 휘어져 모여 있으면 곡선이 된단다."

아빠는 유니가 밤하늘에 그린 그림처럼 흐뭇한 미소를 지었다.

"유니야, 저기 있는 별 세 개도 직선으로 서로 이어 볼까?"

"커다란 삼각형이 되네요."

"그렇지. 아까 네가 만든 아빠의 웃는 입 모양이나 지금 그린 삼

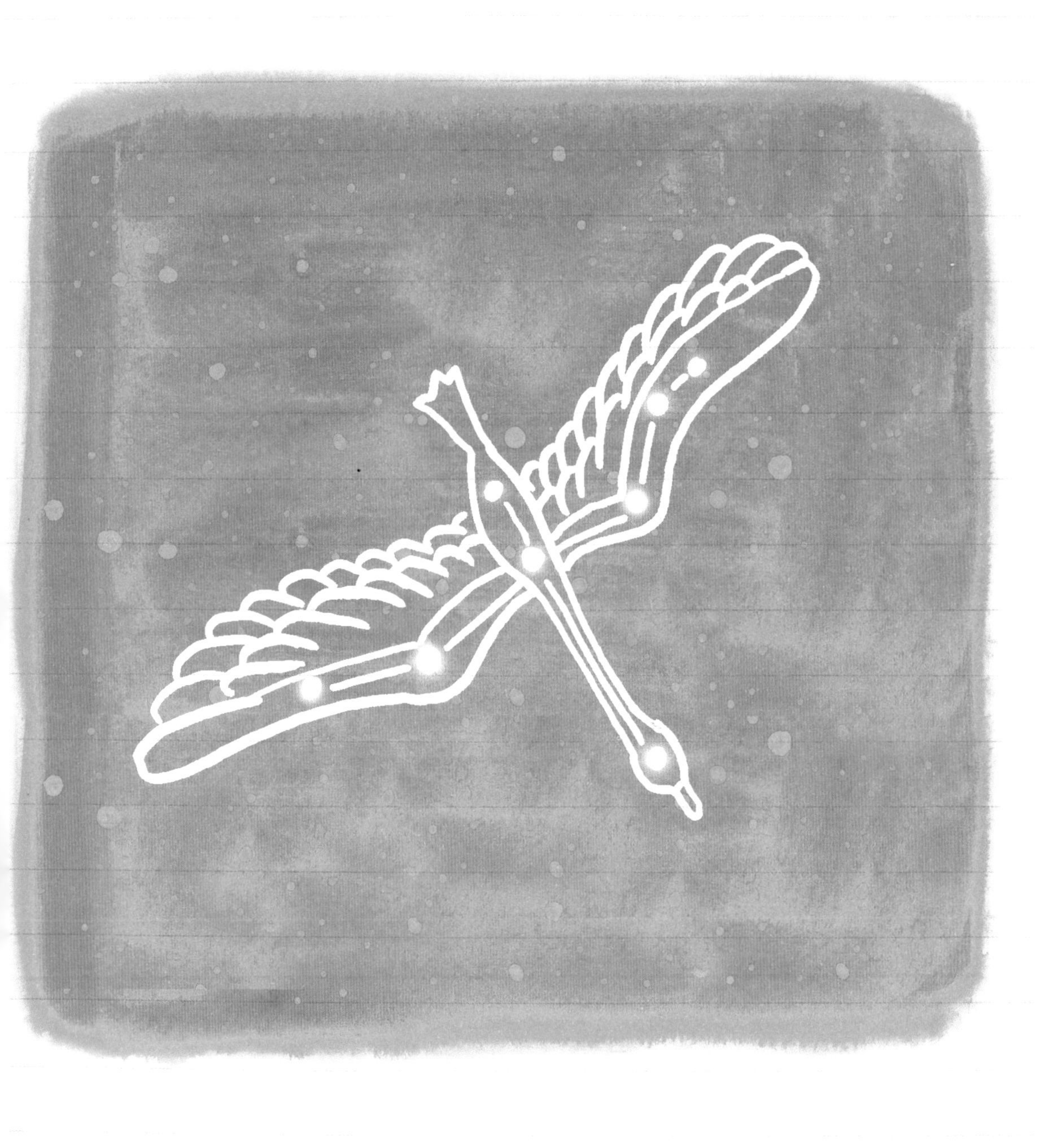

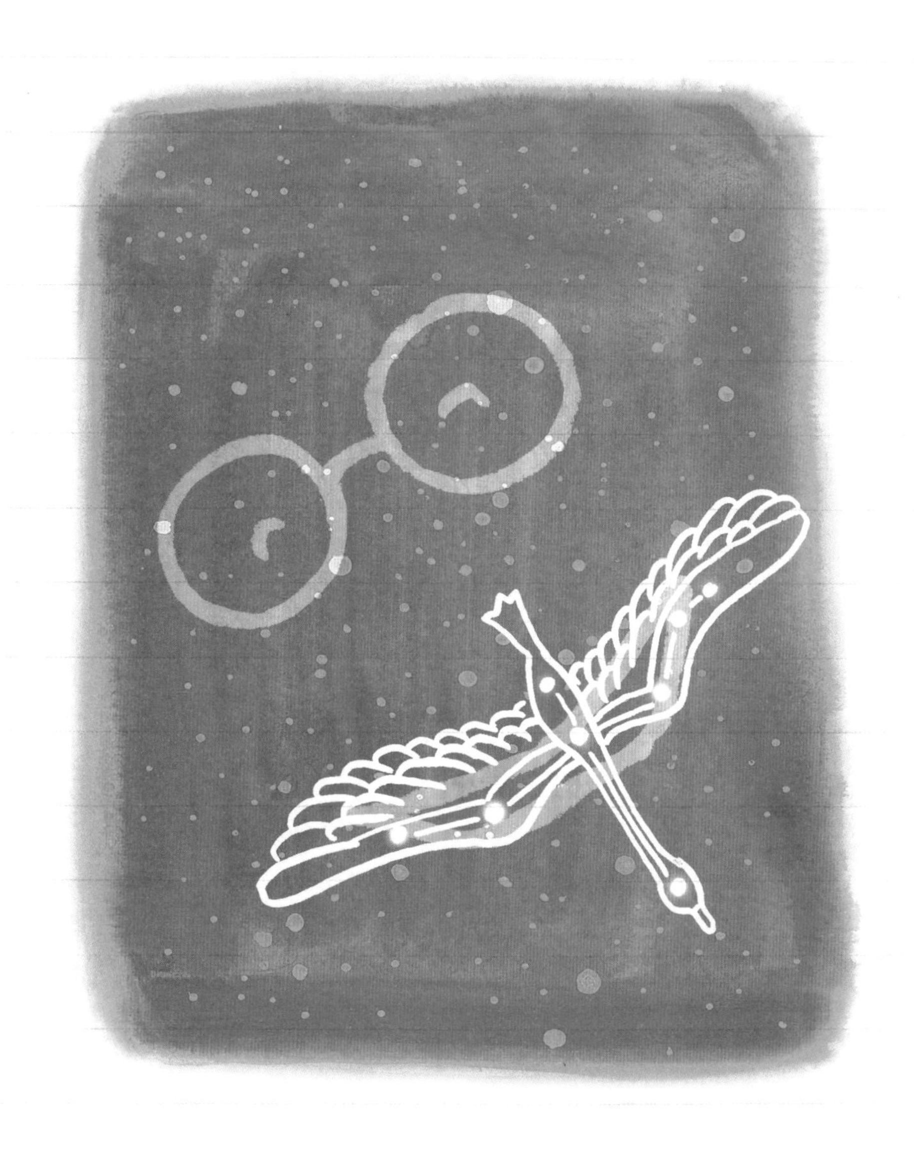

각형은 면이지. 점들을 직선으로 곧게 이어 모양을 만들고 그 안을
무수히 많은 점으로 채우면 면이 된단다."

"저기 네 개의 별을 이으면 사각형이 되고 이쪽의 여섯 개 별을 이으면 육각형이 되겠죠?"

아빠가 대답하려고 입을 떼는 순간 유니가 먼저 말했다.

"**점들이 모여서 선이 되고, 선이 모여서 면이 되는 것이다**, 이렇게 말씀하시려는 거죠?"

"요 녀석이…… 하하하."

아빠가 하려던 말을 얼른 알아차릴 수 있었던 것은 수학 시간에 선생님이 하신 말씀이 생각났기 때문이다.

아빠와 유니는 밤하늘을 올려다보며 점과 점을 이어 선으로, 선과

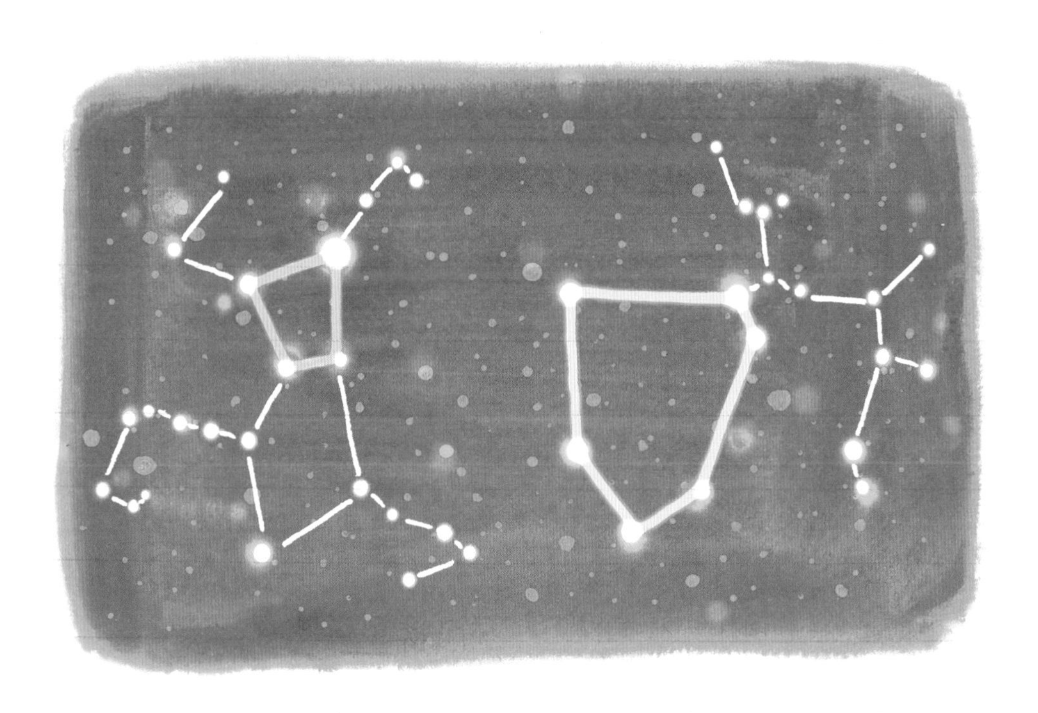

선을 이어 면으로 만들면서 재미있는 그림들을 떠올려 보았다.

"아빠, 목성 빨리 보고 싶어요. 어디에 있어요?"

"그래, 아빠가 찾아볼게."

유니는 아빠가 천체 망원경으로 목성을 찾는 동안 밤하늘을 올려다보고 있었다. 수많은 별들, 저것들 중에 아빠가 말씀하신 목성과 다른 행성들이 있다.

"다 됐다. 유니야, 한번 보렴."

렌즈 안에 콩알만 한 목성이 보였다.

"와, 이게 목성이구나. 정말 작게 보이네. 저기 **줄무늬도 보여요!**"

유니는 목성의 줄무늬가 참 예쁘다는 생각을 하며 자세히 들여다보았다.

"그런데 아빠, 목성 옆에 작은 별들이 몇 개 있는데요."

"응. 그건 별이 아니고 목성의 위성들이란다. 이오, 유로파, 가니메데, 칼리스토라고 하지."

"점들이 나란히 있네요."

아빠와 점, 선, 면에 대해 이야기 나누던 끝이라 유니는 점들을 보자마자 직선이 그려졌다.

"망원경으로 보는데도 정말 작게 보여요."

"그래. 거리가 멀어서도 작게 보이지만 렌즈가 작기 때문이기도 하단다. 렌즈가 크고 배율이 높으면 조금 더 크고 선명하게 볼 수 있어."

천체 망원경으로 별을 볼 때마다 느끼는 건데, 유니는 별들이 무척 신기했다.

"아빠, 북극성도 보여 주세요."

유니는 밤하늘의 길잡이별인 북극성을 천체 망원경으로 보고 싶었다.

"북극성은 지구의 자전축에 있어서 별들이 북극성 주위로 도는 것처럼 보이지. 신화에 나오는 작은곰자리에서 가장 밝은 별이야. 그리고 네가 잘 아는 북두칠성 근처에 있는 별이란다."

아빠는 설명하면서 천체 망원경을 북극성 쪽으로 돌려 놓았다.

"북쪽 하늘에서 네 눈으로 직접 찾아보렴. 북극성은 항상 같은 자리에 있단다."

유니는 천체 망원경에 눈을 대고 북쪽 하늘에서 북극성을 찾아보았다. 그런데 한참 찾아봐도 어떤 별인지 찾을 수가 없었다.

"아빠, 어디쯤 있어요? 잘 못 찾겠어요."

"북극성은 길잡이별이지만 그리 밝지는 않아. 아빠가 찾아 줄게."

그때였다. 하늘에서 뭔가 밝게 빛나는 것이 떨어지기 시작했다.

"아빠, 저게 뭐예요?"

"별똥별인가 보다."

"천천히 떨어지고 있어요. 엄청 밝아요."

"그렇구나. 아빠도 저렇게 천천히 떨어지는 별똥별은 처음 보는구나."

유니와 아빠는 한참 동안 떨어지는 별똥별을 바라보았다. 10년 넘게 천체 관측을 한 아빠도 처음 보는 현상에 뭔가 이상하다는 느낌이 들었다.

아빠는 다시 천체 망원경을 이리저리 돌려 북극성을 찾아보았다. 밤하늘을 올려다보기도 하고 천체 망원경을 이리저리 움직이기도 하면서 북극성을 찾던 아빠가 고개를 갸우뚱하였다.

"이상하다. 웬일인지 북극성이 안 보이네. 유니야, 지금은 잘 안 보이는구나."

유니는 서운했다. 천체 망원경으로 꼭 북극성을 보고 싶었는데…….

별똥별 빛이 사라진 자리에 구름이 몰려들었다.

"유니야, 이제 집에 가자. 구름이 몰려와서 별을 보기가 어렵겠구나."

"네, 아빠."

유니와 아빠는 아쉬움을 뒤로한 채 짐을 쌌다.

'도대체 북극성은 왜 안 보이는 걸까? 밝지는 않지만 항상 제자리에 있어야 하는 별인데……. 혹시 하늘에서 떨어진 것이 북극성일까?'

유니는 꼬리에 꼬리를 무는 의문으로 머리가 복잡했다.

밤하늘 퀴즈 2

옛날부터 길잡이별이라고 불린 별은 무엇인가요?
왜 그렇게 불렸나요?

“여기가 어디지? 좀 전에 잠을 잔 것 같은데…….”

이상한 느낌에 눈을 뜨고 주위를 살펴보니 차 안도 아니고 아빠도 곁에 없다.

“이게 뭐야? 우주선! 내가 왜 조종석에 앉아 있지? 움직일 수도 없네. 안전벨트는 어떻게 푸는 거야? 혹시 꿈인가?”

유니는 손으로 볼을 꼬집어 보았다.

“아, 아야! 꿈이 아니네.”

‘삐용! 삐용!’

순간 당황하면서 앞에 있는 버튼을 눌렀더니, 갑자기 요란한 소리가 나면서 우주선이 한 바퀴를 돌았다.

"아, 어지러워. 그만!"

'툭! 툭!'

"자동 모드입니다."

유니 말을 알아듣기라도 한듯 우주선이 알아서 움직여 주겠다고 한다.

"휴, 다행이다."

우주선이 제자리에서 천천히 움직이기 시작했다.

"와, 밖은 깜깜하네. 저 많은 게 별이구나. 저 멀리 보이는 빛이

태양인가? 어? 저건 설마…… 지구! 와, 정말 아름답다. 파란 구슬 처럼 보이네. 이런 곳에서 보니까 **지구는 정말 둥글구나.** 내가 둥글다고 하면 아빠는 '구'라고 가르쳐 주실 텐데…… 도대체 아빠는 어디 계신 걸까? 집에 어떻게 가지? 무서워…….”

아빠와 함께 까만 밤하늘의 별을 보던 생각이 났다.

'덜커덩, 덜커덩, 쾅.'

우주선이 우주에 떠도는 작은 파편에 부딪칠 때마다 소음을 냈다. 유니는 무섭고 두려웠지만 밖을 내다보며 어디쯤일까 생각해보았다. 저 앞에 커다란 행성 같은 것이 눈에 들어왔다. 아름다운 줄무늬가 있고 주위에 작은 위성들이 많았다.

“혹시 목성?”

목성에는 줄무늬가 있다.

아빠와 함께 망원경으로 살펴보았던 목성의 줄무늬가 떠올랐다.

“망원경으로 관측할 때는 무척 작더니 가까이에서 보니까 이렇게 커다랗구나.”

목성의 지름이 지구의 11배가 조금 더 된다고 하더니 과연 장관이었다.

'덜커덩, 덜커덩.'

목성이 점점 가까워지더니 우주선 날개에 부딪쳤다.

'삐용, 삐용, 삐용.'

순식간에 벌어진 일이었다.

목성이 뒤쪽으로 빠르게 움직였다. 창밖의 별들이 멀어지고 있었다. 꼭 별들이 한꺼번에 우주 밖으로 빠져나가는 듯이 보였다.

아빠와 함께 보았던 별똥별이 생각났다.

"혹시?"

유니의 눈은 무심결에 우주 어딘가에 있을 북극성을 찾고 있었다.

'덜커덩, 덜커덩, 쾅, 쾅.'

우주선이 무언가에 부딪쳐 심하게 좌우로 흔들렸다.

"으악, 누구 없어요? 저 좀 도와주세요! 살려 주세요!"

또 한 번 부딪쳤다.

'쾅!'

"어, 어디로 떨어진 거야? 으악! 엄마!"

'띠리링!'

자명종 소리다. 놀라서 벌떡 일어난 유니는 주위를 둘러봤다.

"휴, 집이다."

시계를 보니 8시다. 방 안으로 들이치는 아침 햇살이 유난히 따갑다.

정말 이상한 꿈이다. 아직도 우주에서 본 지구의 모습이 생생하여 유니는 한참을 멀뚱멀뚱 앉아 있었다.

'띠리링, 띠리링, 띠리링.'

유니는 자명종 소리를 멈추고 정신을 차린 듯 크게 기지개를 켰다.

"아휴, 정말 이상한 꿈이네."

유니가 일어나 방에서 나가려는데 갑자기 이상한 소리가 들렸다.

'어디서 나는 소리지?'

조용히 귀를 기울이니 소곤소곤 말하는 목소리가 들렸다.

"저리 비켜. 네가 내 팔을 누르고 있잖아."

"미안, 미안."

"네가 너무 가까이 있어서 답답해."

"여기가 좁고 깜깜해서 어쩔 수가 없다고."

마르스와 새토르가 벽장 속에서 티격태격하고 있다.

"새토르, 내가 불을 켜 볼게."

마르스는 불씨를 꺼내 주문을 외웠다.

"마르스, 여기가 어디냐?"

"나도 몰라. 좀 비켜 봐."

마르스와 새토르는 어리둥절한 얼굴로 주위를 두리번거렸다.

"누구 있어요?"

'똑똑.'

유니가 조심스레 벽장문을 두드렸다.

"쉿!"

마르스가 잽싸게 손으로 입을 가렸다.

"안에 누구 있어요?"

아무 소리도 나지 않자 유니는 잠깐 머뭇거리다가 문을 활짝 열었다.

"아이코!"

마르스와 새토르는 갑자기 벽장문이 열리자 앞으로 고꾸라졌다.

"깜짝이야. 너희는 누구니? 내 방엔 어떻게 들어왔어?"

유니는 놀라서 눈을 크게 뜨며 물었다.

"그건 내가 할 소린데. 너는 누구니? 여긴 또 어디야?"

마르스는 일어나며 오히려 따지듯이 물었다.

"뭐야? 당장 나가지 않으면 소리 지를 거야!"

새토르는 낯선 행성에 도착했음을 직감하고 유니에게 침착하게 말했다.

"미안해. 놀랐지? 우리도 조금 놀랐어. 우리는 너를 해치러 온 게 아니야. 우리는 여기와는 좀 다른 곳에서 왔어. 태양계 우주 어딘가에 있는 판테온이란 곳이야. 우리도 왜 여기에 와 있는지 모르겠지만, 우리가 찾는 것이 이곳에 있는 것 같아."

"우주에서 떨어졌다는 말이야? 그렇다면 왜 하필 내 방으로 온 거야?"

유니는 새토르의 말을 듣고 호기심이 생겼다.

"그건 우리도 확실히 모르겠어. 아마 네가 우리에게 도움을 줄 것 같은데."

"내가?"

"우리도 여기 어떻게 왔는지 몰라! 혹시 네가 우리를 부르지 않았니?"

하필 이곳에 떨어진 데엔 무슨 이유가 있을 거라는 생각에 마르스가 물었다.

"뭐? 내가 너희들을 불렀냐고? 아니, 난 너희들을 부른 적 없는데."

유니는 말도 안 되는 소리라고 생각했다.

'내가 불렀다고? 내가 지금 꿈을 꾸는 건가? 꿈! 그래, 꿈속에서 우주에 다녀왔지!'

뭔가 연결되는 느낌이 들었다. 유니는 어젯밤 꿈을 떠올려 보았다.

'우주선을 타고 태양이랑 지구를 보다가 목성에 부딪쳤고, 멀어지던 별들. 그리고 우주선이 떨어져 뭔가에 부딪쳤지. 그때 내가 너무 무서워서 도와달라고, 살려 달라고 소리쳤는데…… 설마 그게?'

"잘 생각해 봐. 우릴 부른 적이 없니?"

유니는 고개를 갸우뚱거리며 떨리는 목소리로 말했다.

"사실 나, 간밤에 꿈을 꾸었어. 우주선에 탄 채 떨어지는 꿈이었거든. 너무 무서워서 도와달라고 소리쳤는데, 설마 그 소리를 듣고 온 거야?"

마르스가 환하게 웃으며 친근한 목소리로 대답했다.

"그랬구나. 안녕, 난 마르스야. 우리를 불러 주어서 고마워. 우리가 오메가 구슬 조각을 찾는 데 아무래도 네 도움이 필요할 것 같아."

마르스는 오메가 구슬이 깨져서 그 조각을 찾으러 왔다고 유니에게 간단히 설명했다.

"거봐, 네가 부른 게 맞지. 반가워. 나는 판테온에서 온 새토르야. 우리는 어제 해가 뜰 때 달리기를 하고 있다가 이리로 오게 되었어."

유니는 어리둥절했지만 일단 이야기를 더 들어 보기로 했다.

"그렇구나. 내 소개가 늦었어. 난 유니라고 해. 여긴 지구야. 판테온은 우주 어디에 있다면서 지구까지 오는 데 하루밖에 안 걸리는 거야?"

"뭐, 하루? 하루가 뭔데?"

"뭐라고? 하루가 뭔지도 몰라?"

유니는 지구에 대해 좀 많이 알려 주어야 대화가 되겠구나 싶었다.

"지구에서는 **한 낮과 한 밤이 지나는 동안의 시간을 하루라고 말해.** 아침에는 해가 뜨고 밤에는 해가 서쪽으로 지거든. 너희가 어제 아침에 출발해서 오늘 아침에 도착했으니까 하루가 걸린 거지."

"우리 판테온에서는 해가 뜨면 활동하고 해가 지면 멈추는데 그 동안이 하루인가 보구나."

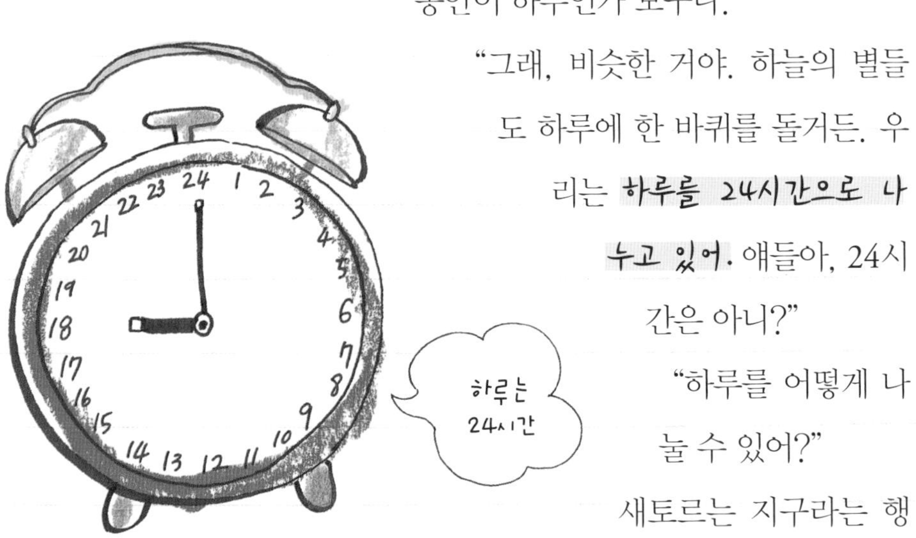

"그래, 비슷한 거야. 하늘의 별들도 하루에 한 바퀴를 돌거든. 우리는 **하루를 24시간으로 나누고 있어.** 얘들아, 24시간은 아니?"

"하루를 어떻게 나눌 수 있어?"

새토르는 지구라는 행

성에 호기심이 생겼다.

"자, 그림으로 그려서 알려 줄게. 이 종이에 우선 큰 동그라미를 그려 봐."

"이렇게 그리면 돼?"

"잘했어. 그다음에 원을 2등분 해 봐. 이제 원 하나가 똑같이 둘로 나누어졌지? 똑같이 둘로 나누어진 것 중 한 부분을 $\frac{1}{2}$이라고 해."

"그런 다음에는?"

"또 둘로 나누는 거야. 그러면 원 하나가 네 부분으로 나누어지지. 넷으로 똑같이 4등분한 것 중의 한 부분은 $\frac{1}{4}$이 돼."

"아, 이제 좀 알 것 같아. 마르스, 이런 식으로 계속해서 원을 나눠 보자. 다음에는 똑같이 8개로 나눌 수 있을 거야."

"똑같이 나누려면 이번에는 선을 2개 그려야 되는구나."

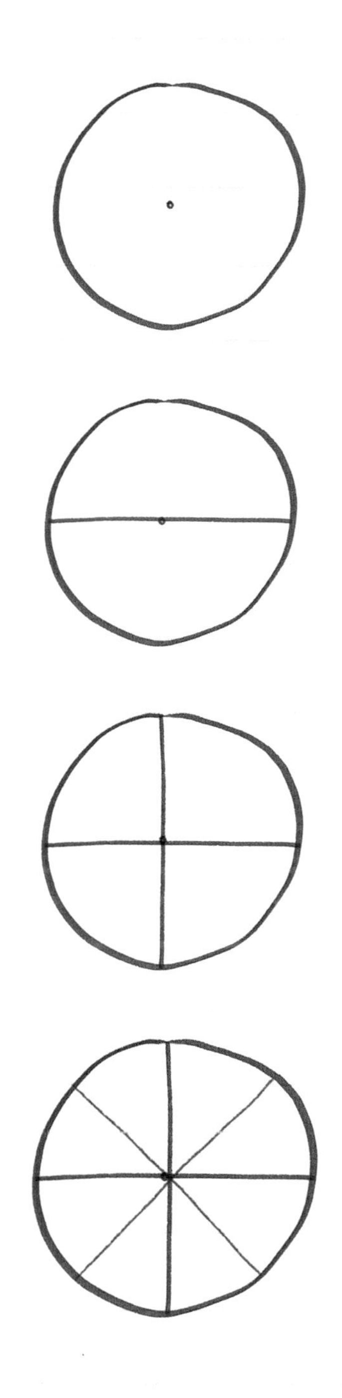

마르스도 조금씩 이해가 되는 것 같았다.

"이건 똑같이 8등분한 것 중의 한 부분이니까 $\frac{1}{8}$이 되겠군."

"맞아. 이제 모두 이해했으니까 내가 내는 문제를 풀어 봐."

마르스와 새토르는 자신만만하게 유니가 문제를 내기를 기다렸다.

"자, 이 하나의 원을 똑같이 12로 나눌 수 있겠어?"

유니가 새로 원을 하나 그리면서 물었다.

마르스는 쉽다는 듯 얼른 선을 그렸다.

"반으로 나누고, 또 반으로 나누고, 또 반으로 나누고, 또 반으로 나누면 되지, 뭐. 어때?"

"엉? 이건 16개로 나누어졌는데?"

마르스가 선을 그어 나눈 조각의 수를 세던 새토르가 눈이 동그래

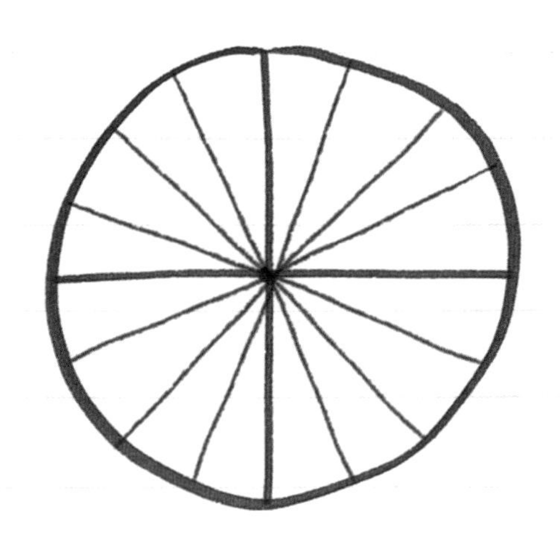

지며 말했다.

"그럴 리가?"

마르스가 못 미더워하며 나누어진 부분을 세어 보았다. 정말 16개였다.

새토르가 원 하나를 새로 그려 놓고 한참을 들여다보았다.

"히히. 그럴 줄 알았어. 계속 둘로만 나누어서는 12개가 되지 않아."

새토르는 원을 신중하게 나누기 시작했다.

"알았어. 이렇게 하면 되지."

새토르가 그림을 보여 주었다.

"가만가만, 어디 세어 보자. 정말 12개로 나누어졌네."

"와! 새토르, 어떻게 알았어? 정말 대단한데!"

유니와 마르스가 머리를 맞대고 세어 보더니 감탄하며 말했다.

"네가 그린 그림에서는 원이 16개 부분으로 나누어졌잖아. 16개의 선이 12개가 되어야 하니까 16−12＝4, 4개의 선을 빼고 나머지 선 12개를 조금씩 움직여서 조각의 크기가 똑같이 되도록 했지. 히히."

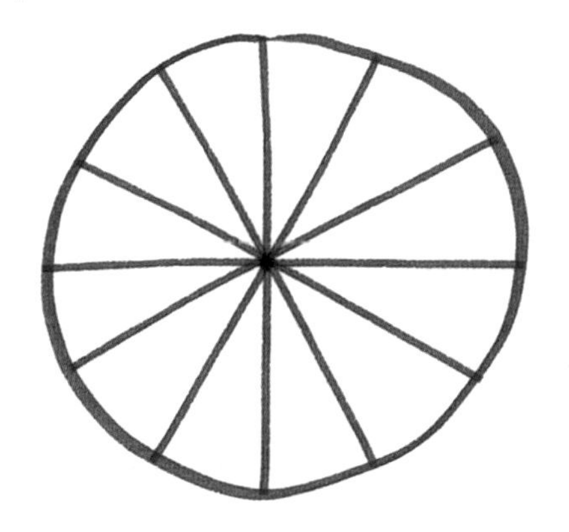

"새토르, 역시 너는 최고의 장난꾸러기다. 하하하."

마르스는 이럴 때 새토르의 창의적인 생각이 부럽기도 했다.

"하나의 원을 12부분으로 똑같이 나누었으니까 그중 한 부분은 $\frac{1}{12}$이 되지. 그렇다면 하루 24시간을 표시하려면 24부분으로 나누어야겠구나."

새토르는 어깨를 으쓱하며 자신만만하게 말했다.

"맞아. 그렇지만 우리도 너희 판테온처럼 해가 떠 있는 시간과 해가 진 시간으로 나누어서 생각해. 해가 떠 있는 시간 12시간과 해가 진 시간 12시간. 12+12=24가 되는 거지. 그래서 시계는 각각의 12시간에 맞춰 12개의 부분으로 나뉘어 있어."

새토르가 12부분으로 나눈 원을 손가락으로 짚어 가며 유니가 설명했다.

"그럼 하루에 두 번 돌아가는 거야?"

마르스는 아직도 이해가 잘 안 되는 모양이었다.

유니는 동그란 자명종 시계를 보여 주었다.

"마르스, 네 말이 맞아. 이 시계로 설명해 줄게."

호기심 많은 새토르가 얼른 시계를 받아 이리저리 돌려 보았다.

"시계라는 거야. 하루의 시간을 알려 주지. 그럼 지금 9시니까 시곗바늘을 돌려서 12시간 후를 표시해 봐."

마르스와 새토르는 얼굴을 맞대고 속닥속닥하더니 시곗바늘을 돌려 9시에 맞췄다.

"하루는 24시간이고 12시간을 두 번 돈다고 했으니까, 9시에서 12시간 후는 다시 9시인 게 맞지?"

새토르는 이해가 빨랐다.

"맞아, 12시간 후니까 9시가 맞아. 그렇지만 해가 진 시각인 오후 9시가 되는 거야. 잘하는데."

"그래서 **12시간은 하루의 반**인 거야?"

"와, 신기하다. 24로 나누지 않으면서 24부분을 나타내는구나. 해가 떠 있는 12시간과 해가 진 12시간."

유니와 새토르가 주고받는 말을 듣고 있던 마르스가 이제 이해가 되는 듯 미소를 지었다.

"이 시계를 봐. 1부터 12가 있어서 1시부터 12시까지 나타낸다는 건 이제 알지? 1은 1시를 말하는 거야. **시각은 시간의 어느 한 시점을 나타내지.**"

"그래서 9가 9시를 나타낸다는 거지?"

"맞아. 그럼 **지금 9시니까 한 시간 후면 몇 시일까?**"

유니의 질문에 마르스가 얼른 대답했다.

"한 칸 더 가면 되니까 10시간이지 뭐. 이제 다 알았다니까."

"푸하하. 내가 그럴 줄 알았어."

유니가 웃자 마르스와 새토르는 어안이 벙벙하여 서로 마주 보았다.

새토르 생각에도 9시에서 한 시간 후, 즉 시계에서 한 칸을 가면 10이 되니까 10시간이 맞는 것 같았다.

"10시간이 아니라 10시야."

"10시간이나 10시나 똑같지, 뭐가 다르냐?"

"아니야. 시각과 시간은 좀 달라. **시각은 시간상의 한순간을 말하는 것이고, 시간은 어떤 시각에서 다른 어떤 시각까지의 사이를 말해.**"

"그러면 10시라고 말해야겠구나."

"맞아. 9시에서 한 시간 후면 10시이지. 9시에서 10시까지는 한 시간이고."

"아이고, 복잡해. 이제 알았으니까 우리 빨리 별을 보러 가자."

마르스는 시계 이야기는 그만하고 싶었다.

"그래. 나도 얼른 별을 보러 가고 싶어. 하지만 별은 11시간쯤 후에나 보일 거야. 여기서 문제. 지금 9시인데 11시간 후면 몇 시일까요?"

문제를 낸 유니는 친구들이 당황하는 모습을 보고 속으로 웃었다.

"어, 그러니까……."

마르스가 말을 얼버무렸다.

"천천히 생각해 봐. 9시에다 11시간을 더하면?"

유니는 손가락을 천천히 접으면서 친구들이 답을 구하기를 기다렸다.

"아, 그러니까 20이 되네. 20시? 20시간?"

마르스가 밝은 목소리로 말했다. 하지만 여전히 시와 시간이 헷갈리는 모양이었다.

"맞아. 아니, 거의 맞았어. 20시가 되겠지. 20시는 두 12시 중 해가 진 두 번째 8시, 즉 오후 8시가 되는 거야."

"유니야, 오후가 무슨 뜻이니?"

새토르는 오후라는 말이 궁금했다.

$$
\begin{array}{r}
9\text{시 } 00\text{분} \\
+\ 11\text{시 } 00\text{분} \\
\hline
20\text{시 } 00\text{분}
\end{array}
$$

"12시부터 24시까지의 시간을 오후라고 해."

"그럼 낮 12시 이후부터 밤 12시까지의 시간은 오후라고 말하기도 하고 12 다음의 숫자 13, 14, 15…… 24시로 말하기도 하는구나."

새토르는 이제 지구의 하루와 시각, 그리고 시간에 대해 완전히 알게 되었다.

"이제 시간을 또 나눠 볼까?"

유니는 친구들의 반응에 신이 났다.

"한 시간은 또 60분으로 나눌 수 있어. 그래서 한 시간을 60분이라고도 해. 시계에서 1과 2 사이를 봐. 작은 칸으로 나누어져 있지?"

마르스와 새토르는 시계를 자세히 들여다보았다. 아까는 보지 못했는데 작은 눈금들이 빼곡히 들어 있었다.

"아이고, 난 몰라."

마르스는 시계를 놓고 자리에 누웠다.

"얘들아, 이 시계 알고 보면 되게 재미있어."

유니의 말에 마르스와 새토르는 다시 눈을 반짝였다.

	20시	00분
+		30분
	20시	30분

"우리가 20시, 그러니까 오후 8시에 별을 보러 언덕에 올라갈 거야. 우리 집에서 언덕까지는 30분이 걸리거든. 그렇다면 우리가 별을 보고 있을 시각은 몇 시일까?"

"그렇다면…… 20시 30분! 오후 8시 30분이지."

"브라보!"

마르스와 새토르는 시간을 조각조각 나누는 지구의 방식이 흥미로웠다. 어쩌면 오메가 구슬 조각을 찾기 위한 힌트가 이 시간에 담겨 있을지도 몰랐다. 그래서 이번엔 마르스와 새토르가 유니를 졸랐다.

"유니야, 하루에 대해 더 이야기해 줄 건 없니?"

"음. 아까는 하루를 똑같이 나눠 보았는데, 이번엔 하루를 똑같이 늘려 볼게. **하루가 15번 반복되어서 15일이 되면 보름**이라고 해. 또 **하루가 30번 반복되어 30일이 되면 한 달**이라고 하고."

"시간을 나눌 수도 있고 모을 수도 있구나."

새토르는 지구의 시간이 마법 같다는 생각이 들었다.

하루	보름	한 달
●	●●●●●●●●●●●●●●●	●●●●●●●●●●●●●●● ●●●●●●●●●●●●●●●

"우리는 하루 만에 돌아갈 수 있을까? 보름이나 한 달이 걸린다면 정말 힘들 것 같아."

"오메가 구슬 조각을 빨리 찾아야 할 텐데……. 너무 시간을 끌다가는 판테온뿐만 아니라 태양계 행성들도 어떻게 될지 모르거든."

"너무 걱정하지 마. 나도 열심히 도와줄게."

"유니야, 많은 걸 가르쳐 줘서 고마워."

새토르는 하루, 하루의 시간, 보름, 한 달을 되뇌면서 오메가 구슬 조각을 한 달 안에 꼭 찾아야겠다고 다짐했다. 지구의 하루를 자세히 알고 나니 지구는 판테온과 비슷하기도 하고 무척 복잡하기도 한 행성이구나 싶었다.

"우리 판테온은 해가 뜨고 지는 시각과 꽃이 피고 지는 시각으로 구분하니까 덜 복잡해서 다행이다. 헤헤헤."

밤하늘 퀴즈 3

아침 9시에 가족 여행을 떠나서
저녁 9시에 집에 도착했다면
몇 시간이 걸렸나요?

아직 오전인데도 여름 햇살이 제법 따가웠다. 햇빛이 유니 방의 창문으로 밝게 들이쳤다.

"새토르, 지금 몇 시니?"

호기심 많은 새토르는 벌써 시계를 읽는 데 능숙해졌다.

"9시 30분."

"'해가 머리 위에 있을 때'인가 봐. 더워."

더위를 싫어하는 마르스가 땀을 훔치며 말했다.

"'해가 머리 위에 있을 때'라고? 그건 12시이잖아. 12시까지는 아직 두 시간 반이나 남았어."

더 더워질 거란 생각에 마르스는 시무룩해졌지만, 유니는 눈을 반

★ **태양의 고도**
지표면과 태양이 이루는 각의 크기

짝이며 말했다.

"판테온에서는 ★ 태양의 고도로 시각을 말하는구나."

"태양의 고도?"

"응. **태양이 어느 높이에 있는지를 말하는 거야.**"

마르스는 판테온의 시각과 지구의 시각이 비슷하지만 표현이 다름을 알았다.

"태양의 고도가 변하면 기온도 달라지지."

"그렇다면 태양의 고도가 낮아지면 시원해지겠네?"

새토르가 끼어들며 물었다.

"음, 우리 같이 알아볼까? 어디 각도기랑 막대기가 있을 텐데……."

유니는 새 친구들에게 태양의 고도에 대해 알려 주려고 각도기를 찾았다.

새토르와 마르스는 유니가 각도기로 태양의 고도를 잰다는 말에 놀랐다.

"진짜 태양까지 잴 수 있는 각도기라는 게 있는 거야?"

"아니야. 물체의 그림자를 이용해서 이 작은 각도기로 재는 거야."

밖으로 나간 세 친구들은 각도기와 막대기를 바닥에 설치하고 10시부터 측정하기로 했다.

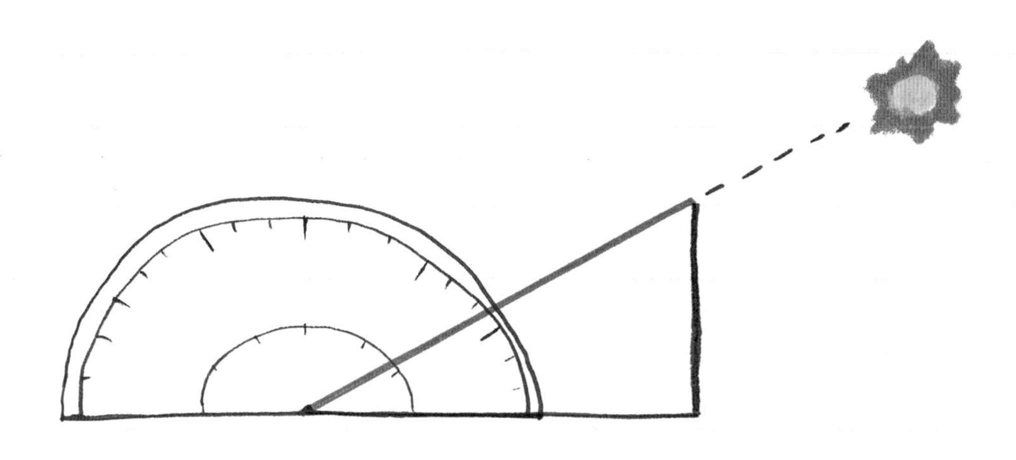

"이제 10시부터 한 시간 간격으로 측정할 거야. 그러면 고도에 따른 온도 변화를 쉽게 알 수 있거든."

"그렇구나. 나는 태양까지 닿는 엄청나게 커다란 기계가 있는 줄 알았어. 하하하."

새토르는 작은 각도기와 막대기로 태양의 고도를 잰다는 게 신기하였다. 지구는 복잡하지만 흥미로운 것들이 많은 즐거운 행성이라는 생각이 들었다.

태양의 고도를 재는 동안 마르스는 유니에게 판테온에서 오메가 구슬을 깼던 이야기를 자세히 들려주었다. 유니도 아빠와 북극성을 찾다가 별똥별이 떨어지는 것을 본 일을 들려주고, 꿈속에서 본 우주와 멀어지던 별들에 대해서도 자세히 말해 주었다.

"별들이 떨어졌다고? 어딘가로 멀어지는 별들에 부딪쳤다고?"

마르스와 새토르는 직감적으로 깨진 오메가 구슬 때문에 태양계의 질서가 조금씩 깨지고 있음을 느꼈다.

"응. 꿈이긴 해도 얼마나 생생했는지 몰라. 하긴 내가 꿈속에서 불러서 너희들이 왔다니, 난 아직 꿈속에 있는 건가? 아이고, 머리야."

유니는 아직도 꿈속을 헤매는 듯했다.

"유니야, 정말 지구에서도 별을 볼 수 있는 거지?"

"그럼. 아빠의 천체 망원경이 있으면 선명하게 볼 수 있지만 그냥 눈으로도 별을 볼 수 있어."

"그래?"

마르스와 새토르는 동시에 대답하였다. 별을 살펴보면 오메가 구슬 조각을 찾을 수 있을 것 같았다.

"아까 별 보러 간다고 했지? 지금 가자."

"안 돼."

"왜?"

마르스는 또 흥분해서 큰 소리로 물었다.

"**별은 깜깜한 밤이 되어야 볼 수 있어.** 아직은 환하잖아. 아까 내가 지구의 시간에 대해 말했지? 오늘은 오후 8시는 넘어야 볼 수 있을걸."

"뭐라고? 깜깜한 밤이라면 해가 졌을 때잖아. 우린 그 시간이 되면 모든 것이 멈춘단 말이야."

"그렇지만 할 수 없어. 지금도 별은 있지만 하늘이 너무 밝아서 안 보인단 말이야."

마르스와 새토르는 실망하였다.

별들 가운데 깨진 오메가 구슬 조각이 있을 것 같은데……. 일단 다른 곳에서 찾아보기로 하고 마르스와 새토르는 유니의 말과 행동에 더욱 주의를 기울였다.

측정 시각(시)	태양의 고도(°)	막대기 길이 15cm일 때 그림자 길이(cm)	기온(°C)
10	57	9.7	24.8
11	62	8.0	25.0
12	72	4.9	25.1
13	71	5.2	25.5
14	64	7.3	26.0
15	58	9.4	25.3

어느덧 해가 기울고 있었다. 유니와 마르스와 새토르는 낮 동안 함께 측정해 기록한 태양의 고도 표를 펼쳐 놓고 들여다보았다.

"새토르, 여기 봐. 태양의 고도는 몇 시에 가장 높게 나왔니?"

"12시에 태양의 고도가 제일 높은걸."

"맞아. 12시에는 태양의 고도가 높아서 그림자 길이가 제일 짧아."

유니는 태양의 고도와 그림자의 길이의 관계를 설명해 주었다.

"판테온에선 '해가 머리 위에 있을 때'라고 하지."

마르스는 벌써 판테온 신전이 그리웠다.

"마르스, 몇 시에 온도가 가장 높게 나왔어?"

"2시. 정말 더워서 못 참겠더라."

마르스가 울상을 지으며 말했다.

"내 생각에는 12시에 온도가 가장 높을 것 같은데 왜 2시에 가장 높지?"

새토르는 판테온에서처럼 태양이 높을 때 가장 따뜻할 거라고 생각했다.

"태양의 고도가 가장 높은 건 12시이지만 지구의 표면, 즉 땅이 데워지는 데 걸리는 시간이 있어서 오후 2시에 온도가 가장 높은 거야."

"그렇구나."

새토르는 지구가 판테온과는 좀 다르다는 걸 알게 되었다.

해가 지고 하늘이 점점 깜깜해지고 있었다.

"얘들아, 저기 봐. 저게 ⍟ 개밥바라기, 금성이야."

"정말? 어디?"

하늘에 밝은 빛이 보였다. 마르스와 새토르는 순간 숨을 멈추었다. 판테온에서는 해가 지고 나면 모든 것이 멈추어야 했기 때문이다.

"얘들아, 너희들 정말 멈춰 버린 거야?"

유니가 친구들을 흔들었다.

"엉? 이상하다. 움직여지네!"

⍟ 개밥바라기
저녁에 보이는 금성을 '개밥바라기'라고 하고, 새벽에 보이는 금성을 '샛별'이라고 한다.

"그러게. 마르스, 우리 아무렇지도 않은걸."

마르스와 새토르는 판테온 시각의 영향을 받지 않는다는 걸 알고 기뻤다. 이제 별을 보러 갈 수 있기 때문이었다.

"유니야, 지구에서 해는 어디에서 뜨고 어디에서 지니?"

새토르는 지구에서 해가 뜨고 지는 것이 판테온과 어떻게 다른지 궁금했다.

"지구가 워낙 커서 한눈에 보기는 어렵지만 실험을 하면 쉽게 알 수 있어. 지구의 해는 동쪽에서 뜨고 서쪽으로 진단다. **지구가 자전하기 때문이지**. 자전이란 지구가 빙글빙글 돈다는 건데, 해가 뜨고

지는 것과 반대로 서쪽에서 동쪽으로 돌고 있어."

"지구 자전? 빙글빙글 돈다고?"

마르스는 말만 들어도 어지러운 것 같았다.

"그래, **지구 자전. 지구가 스스로 하루에 한 바퀴를 도는 것**을 말해."

"그럼 24시간 동안 한 바퀴를 돈다는 거야?"

"맞아."

새토르는 으쓱해졌다. 벌써 지구에 대해 다 아는 것 같았다.

"지구가 한 번 자전을 하는 24시간 동안 낮과 밤이 생기고 하루가 되풀이되는 거지."

"아이고, 머리야. 난 잘 모르겠어."

"마르스, 내가 땅바닥에 그림을 그려서 설명해 줄게. 아침 6시에 동쪽에서 뜬 해는 낮 12시에는 남쪽에 떠 있고 저녁 6시에는 서쪽으로 이렇게 지는 거야."

새토르는 자신 있게 그림을 그리며 설명하였다.

"새토르, 그렇기도 하지만 해가 뜨고 지는 시각은 때에 따라 약간씩 달라져."

유니는 마르스와 새토르에게 해가 뜨고 지는 시각을 얘기하면서 계절에 따라서 약간의 차이가 난다고 말해 주었다.

"참. 그리고 지구가 자전하는 또 하나의 현상은 북극성과 관련이 있어."

"북극성!"

마르스의 눈이 빛났다.

"지구가 자전하기 때문에 북극성 주위의 별들이 북극성을 중심으로 원을 그리며 도는 것처럼 보여."

"북극성 주위의 별들만 돌아?"

"그렇지 않아. 다른 별들이 북극성을 중심으로 돌듯이 **태양과 달도 하루 동안 동쪽에서 서쪽으로 움직이고 있거든.** 이것을 천체의 **일주 운동**이라고 해."

마르스와 새토르는 북극성이 지구에서 중요한 별임을 알았다.

"일주 운동은 또 뭐니?"

"**지구 자전 때문에 모든 천체가 하루를 주기로 지구의 자전 방향과 반대로 도는 것처럼 보이는 현상이야.**"

"그렇구나. 유니야, 그런데 궁금한 게 있어. 왜 북극성을 중심으로 별들이 도는 거야?"

유니도 전에 아빠한테 똑같은 질문을 한 적이 있었다.

"크크크."

"왜 웃어?"

새토르가 눈을 끔벅끔벅하며 물었다.

"나도 그게 궁금해서 아빠한테 질문했었거든. 그건 지구 자전축 위에 북극성이 있기 때문이야. 정확히 말하면 약간 다르지만 대략

북극성을 중심으로 별들이 회전하는 것처럼 보인다.

같다고 보면 돼. 그래서 북극성을 중심으로 별이 회전하는 거야."

"회전?"

"응. 하나의 점을 중심으로 둥글게 도는 거지."

"그러면 별마다 크기가 다른 원을 그리겠구나."

계산이 빠른 마르스가 거들었다.

"얘들아, 저기 달 좀 봐. 달도 일주 운동을 해. 저 달은 지금은 남쪽에 있지만 차츰차츰 서쪽으로 질 거야."

"와, 저게 달이구나."

"달도 동쪽에서 떠서 서쪽으로 지고, 반대로 지구는 서쪽에서 동쪽으로 돈단다."

"그렇구나. 좀 더 기다렸다가 보면 달이 서쪽으로 가 있을 거라는 말이지?"

새토르는 확실히 이해한 듯했다.

"그래. 이제 지구가 자전한다는 거 알겠지?"

"고마워. 유니 너한테 많은 걸 배웠어."

마르스는 새토르에게 지지 않으려는 듯 유니에게 지구 자전에 따

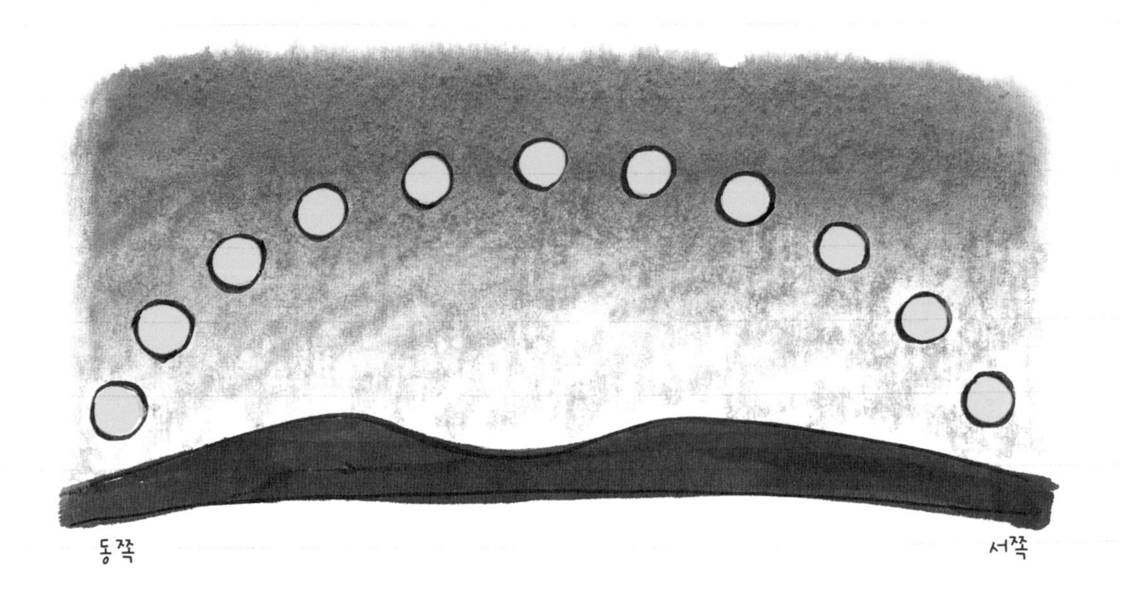

푸코의 진자

른 현상이 또 있는지 물었다.

"유니야, 다른 증거는 없니?"

"마르스, 여긴 어두우니까 불 좀 켜 줄래?"

"잠시만. 마르카, 퐁!"

유니는 마르스에게 지구 자전을 실험으로 쉽게 알려 주고 싶었다.

"마르스, 고마워. 다음은 푸코의 진자 실험이야. 프랑스 물리학자 푸코가 지구 자전을 증명하기 위해 한 실험이지."

"어떻게 하는데?"

마르스와 새토르는 실험이란 말에 눈을 반짝이며 다가섰다.

"긴 실에 무거운 추를 매달아서 좌우로 움직이게 하고 아래 원판을 시계 반대 방향으로 일정하게 돌게 하면 추가 한쪽 방향으로 회전하거든."

유니는 주위에서 실험 재료를 찾았다.

"여기서는 무거운 추를 구하기 어려우니까 다른 것으로 해 보자."

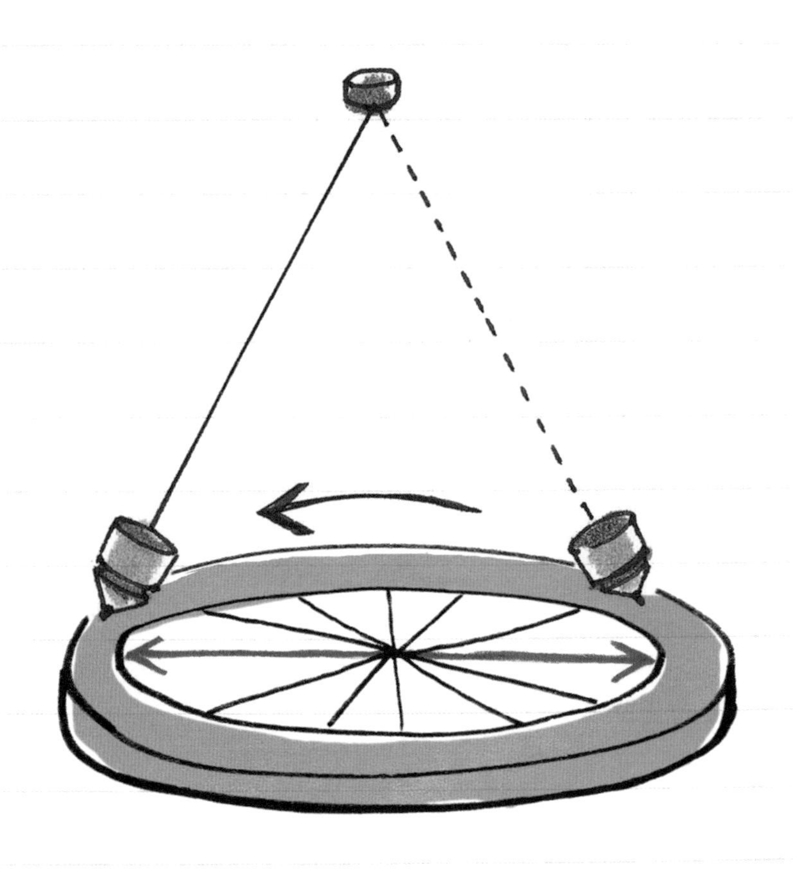

"무거운 추? 왠지 겁이 나는데."

새토르는 무거운 추를 찾다가 오메가 구슬을 깬 기억이 떠올랐다.

"이 돌은 어때?"

마르스가 주먹만 한 돌을 집으며 물었다.

"그래, 해 보자. 먼저 돌에 실을 잘 묶고 그다음에 실을 1미터 정도로 잘라."

"유니야, 실 잘랐어."

"마르스, 네가 실을 잡고 좌우로 한 번만 흔들어 봐. 그러고 나서 돌이 어느 방향으로 움직이는지 지켜보자."

"그럼 난 돌이 움직일 때마다 바닥에 점을 찍을게."

새토르가 일을 거들었다. 마르스와 새토르는 푸코의 진자 실험에 푹 빠져 있었다.

"봐, 돌이 시계 방향으로 움직이잖아. 푸코라는 과학자도 진자의 움직임을 보고 지구 자전을 확인했던 거지."

유니가 간단한 실험으로 지구 자전과 천체의 일주 운동을 한눈에 보여 주었다.

어느덧 언덕 위까지 올라왔다.

밤하늘은 구름 한 점 없는 별들의 세상. 까만 도화지에 반짝이는 흰 점들이 빼곡히 차 있는 듯했다.

밤 시간에 깨어 있었던 적이 없는 마르스와 새토르는 처음 보는

밤하늘과 별을 황홀하게 바라보았다.

'밤하늘 어딘가에 판테온 신전도 있겠지? 아, 주피토르는 잘 있을까?'

마르스는 문득 오메가 구슬이 생각나 마음이 조급해졌다.

"애들아, 너희가 한번 북극성을 찾아볼래?"

이런 친구들의 마음을 아는지 모르는지, 유니가 제안했다.

"어디 있는데? 별들이 너무 많아서 찾기가 힘들어."

새토르가 고개를 하늘로 향한 채 중얼거리듯 말했다.

"마르스 넌?"

"어디쯤 있는지 힌트를 줘."

“북쪽 하늘을 바라봐. 그리고 북극성은 길잡이별이지만 그리 밝지 않다는 거 잊지 말고.”

“어디? 북쪽?”

마르스와 새토르는 수많은 별들이 다 그게 그거 같아 구분할 수가 없었다.

“저기 있는 것 같아.”

유니가 북극성을 손가락으로 가리키며 말했다.

“어디?”

“잘 안 보이는데, 어디 있다는 거야?”

마르스와 새토르는 북극성을 보곤 실망이 컸다.

“커다란 별인 줄 알았는데 밝지도 않고 아주 작은 별이잖아.”

유니는 북극성이 지구에서 중심이 되는 별이라고 했는데, 사실은 눈에도 잘 안 보일 만큼 크기가 작고 밝지도 않은 별이라니…….

“너희들 실망했구나. 사실 나도 처음 보았을 때는 무척 실망했어. 하지만 아까도 말했듯이 지구 사람들한테는 북극성이 아주 중요하단다. 북극성은 지구에서는 작고 흐리게 보이지만 태양과 같은 거리에 있다면 태양보다 2000배 이상 밝은 별이야. 멀리 있기 때문에 흐리게 보일 뿐이지. **사람들은 길을 잃었을 때 북극성을 보고 북쪽을 찾기도 해.** 옛날부터 배를 타는 사람들은 북극성을 이용하곤 했거든. 북극성은 다른 별들과는 달리 항상 같은 자리에 있기 때문에 옛날부터 길잡이 역할을 했어."

마르스와 새토르는 유니의 설명을 들으니 북극성이 좀 달리 보였다. 새토르는 북극성이 깨진 오메가 구슬 조각과 관련이 있을 것 같아서 북극성에 대해 좀 더 자세히 물어보기로 했다.

"유니야, 지구 같은 행성은 동그랗게 생겼는데 별들은 삼각형처럼 뾰족뾰족하네!"

"아니야. 별도 지구처럼 동그랗게 생겼어. 사실 나도 어릴 때는 별이 반짝여서 삼각형 두 개를 엇갈려 놓은 모양으로 생각했어. 학교 친구들도 별을 그릴 때는 뾰족뾰족하게 그리거든. 그런데 아빠랑 천체 망원경으로 별을 보고는 정말 깜짝 놀랐단다. 그냥 동그란 모양인 거야. 뾰족한 부분이 하나도 없더라니까."

유니는 지구에서 별을 보면 누구나 원보다는 뾰족한 삼각형을 생각하는구나 싶어서 웃음이 나왔다.

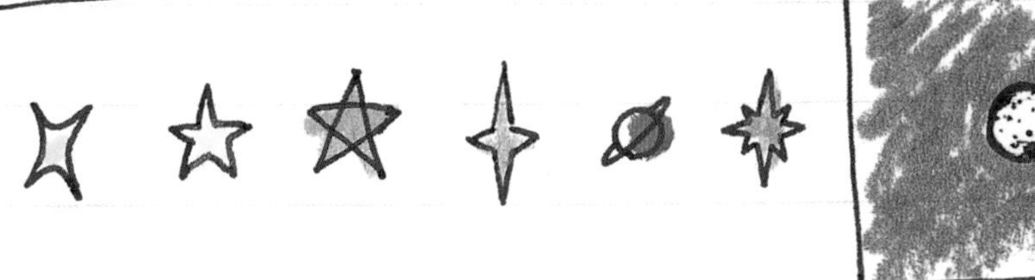

"그래? 그러면 북극성도 동그란 원 모양이겠네."

새토르는 북극성을 보고 삼각형 조각을 찾은 게 아닐까 생각했는데 원이라는 말에 실망했다.

북극성은 오메가 구슬 조각과 관련이 없는 것일까?

유니는 친구들이 실망하는 모습을 보고 좀 더 자세히 설명해 주어야겠다고 생각했다.

"애들아, 북극성과 그 아래 별들을 선으로 이어 봐. 옛날 사람들은 북극성과 주변 여섯 개의 별을 선으로 이어서 별자리를 만들었단다. 북극성이 포함된 별자리는 작은곰자리야."

"작은곰자리? 그럼 큰곰자리도 있니? 하하하."

새토르는 별자리 이름이 재미있는 듯 장난삼아 물었다.

"응. 작은곰자리 옆에 큰곰자리가 있거든. 작은곰자리의 일곱 개 별하고 비슷하게 국자 모양으로 놓인 일곱 개의 별이 있어. 그게 큰곰의 꼬리 부분이란다."

마르스는 유니의 말에서 오메가 구슬 조각의 단서를 찾느라 머릿속이 복잡하였다.

"작은곰자리는 일곱 개의 별로 이루어졌고, 그거랑 닮은 모양의 일곱 개의 별이 큰곰자리의 꼬리 부분에 있다는 말이지?"

마르스는 혹시나 싶은 마음에 다시 물었다. 새토르도 비슷한 생각을 하고 있었는지 유니에게 청했다.

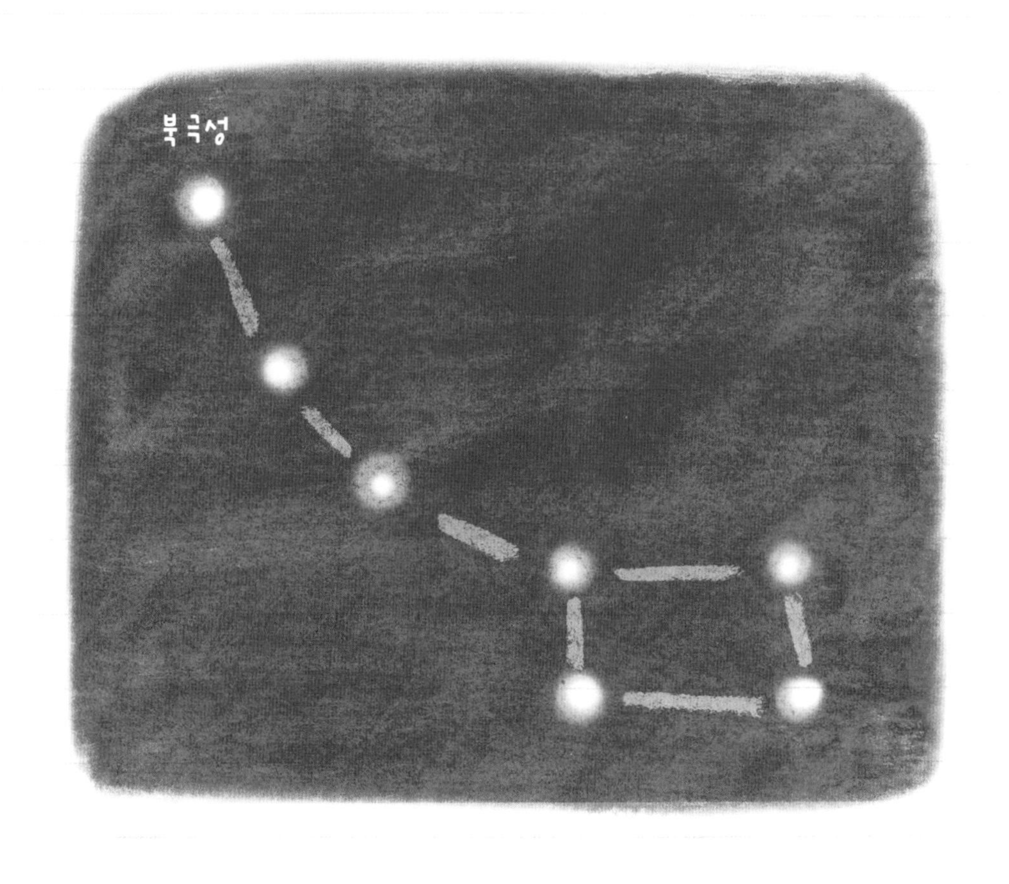

"유니야, 네가 한번 일곱 개의 별을 선으로 이어 볼래?"

"그러자. 북극성부터 아래로 세 개의 별이 선으로 이어지고 거기서 네 개의 별을 이으면 사각형 모양이 되지. 역시 국자 모양이란다.

유니가 하늘을 도화지 삼아 손가락으로 그림을 그렸다.

마르스가 흥분해서 외쳤다.

"뭐? 사각형이라고?"

새토르와 마르스는 북극성이 있는 작은곰자리의 사각형이 찾고 있는 오메가 구슬의 깨진 조각 중 하나임을 확신하였다. 이제 첫 번째 조각을 찾게 된 걸까?

마르스와 새토르는 떨리는 마음으로 하늘의 북극성에서부터 차례로 선을 이어 사각형 모양을 그렸다.

사각형 모양이 완성되었을 때 큰 소리로 주문을 외웠다.

"마르카, 새르퐁, 얍!"

순간 일곱 개의 별이 반짝이며 섬광이 나타났다.

마르스, 새토르가 드디어 첫 번째 조각을 찾은 것이다.

"야호! 드디어 찾았어!"

유니와 마르스, 새토르는 집으로 돌아왔다.

오늘 밤은 푹 잘 수 있을 것 같았다.

"유니야, 고마워. 네 덕분이야."

"고맙긴. 내가 도와줄 수 있어서 기쁜걸."

세 친구들은 곧바로 잠에 빠져들었다.

얼마나 잠이 들었을까?

꿈속에서 새토르는 우주의 별들 사이를 날아다니고 있었다. 주피토르가 저 멀리 무수히 많은 별들 너머에 서 있었다.

"주피토르, 주피토르!"

새토르가 주피토르를 부르자 별들이 모여 은빛 다리를 만들어 주었다.

"새토르, 첫 번째 조각을 찾았구나. 고생했어. 고마워."

"이제 두 개의 조각만 찾으면 돼. 걱정하지 마. 우리가 금방 찾을게. 조금만 기다려."

주피토르와 새토르가 손을 잡으려는 순간, 별 다리가 갑자기 흩어지기 시작했다.

"새토르!"

"주피토르!"

새토르와 주피토르는 끝없는 우주 반대편으로 서로 멀리 헤어졌다.

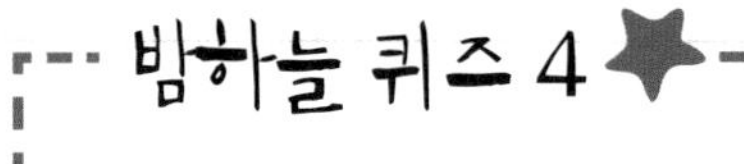

지구의 자전으로 생기는 현상으로는 어떤 것이 있나요?

5. 23.5도의 비밀

'풍덩!'

"마르스, 너도 들어와!"

"지금 날 놀리는 거야?"

새토르는 수영을 좋아하고 더위도 잘 참는다. 하지만 마르스는 더운 것도 싫고 수영하는 것도 질색이다. 이렇게 찜통 같은 여름은 더욱 싫다. 마르스는 덥지도 않고 춥지도 않은 판테온이 그리웠다.

새토르의 약 올리는 말에 마르스는 불끈했다. 이럴 땐 새토르가 정말 얄밉다.

"난 이 그늘에서 선풍기 틀고 있을게. 신경 끄고 너나 열심히 수영해."

마르스는 귀찮다는 듯 말했다.

"미안. 그럼 나는 저기 깊은 곳까지 갔다 올게. 쉬고 있어."

돌고래처럼 바닷속을 헤엄치는 새토르는 어느새 저만치 깊은 곳까지 가 있었다. 무척 자유롭게 보였다. 쨍쨍 내리쬐는 햇빛에 까맣게 탄 얼굴을 물 위로 내밀었다 물속으로 집어넣었다 한다.

바람이 시원하게 부는 한적한 바닷가다. 사람들도 거의 없는 조그만 마을의 해수욕장 저 끝에서 누군가 오고 있었다.

"유니?"

마르스는 너무 반가웠다. 양손에 뭔가 묵직해 보이는 것을 들고 오고 있었기 때문이다. 유니는 들고 있던 걸 잠시 내리고 마르스에게 손을 흔들었다. 유니가 걸음을 빨리하는 걸 보고 마르스는 벌떡 일어나 뛰어갔다.

"네가 올 줄 알았어. 수박이네!"

"여기 네가 좋아하는 팥빙수도 가져왔어."

"와, 신난다. 고마워."

"근데 새토르는 어디 있어?"

"저기."

마르스는 새토르가 수영하고 있는 곳을 가리켰다. ⊛ 파라솔로 돌아오는 두 친구를 보고 새토르가 물에서 나왔다.

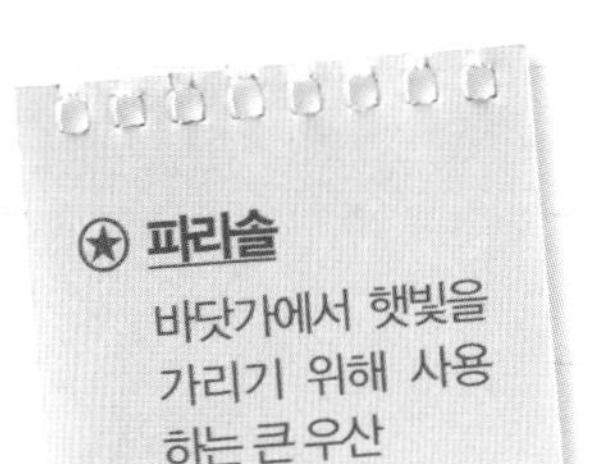

"유니 왔구나. 수영하니까 너무 시원해. 이렇게 깨끗한 바닷물은 처음 봐. 물고기가 다 보여! 조개도 몇 개 주웠어!"

"그래. 새토르, 이리 와서 수박 먹어. 내가 시원한 걸로 골라 왔거든."

"내가 좋아하는 수박이다! 난 수박이 제일 맛있어."

"잠깐 짐 좀 들어 줘. 파라솔을 좀 옮겨야겠다. 그늘이 너무 작아."

마르스는 그늘을 키우려고 파라솔을 이리저리 움직여 보았다. 마르스는 정말 더위라면 질색을 한다.

"유니야, 그런데 그늘이 잘 생기지를 않아. 파라솔을 세워도 햇빛이 많이 들어오는걸."

"아직 아침이라서 그래. 저기 해가 떠 있잖아. 그러니까 파라솔을 태양 쪽으로 눕혀서 햇빛을 막아 줘야지. 점심때는 해가 저 위쪽에 떠 있을 거야."

"'해가 머리 위에 있을 때' 말이구나?"

"응. 12시가 조금 넘으면 해가 머리 위쪽에 있어. 마르스, 파라솔을 똑바로 세워 줄래?"

"알았어."

"여기 파라솔의 그림자 길이를 봐. 지금이 10시인데 그림자가 길지."

"그렇네."

마르스는 더위를 식히려고 팥빙수를 먹으면서 유니의 말을 듣고 있다.

"12시쯤에는 파라솔의 그림자 길이가 어떻게 될 것 같니?"

"위쪽으로 해가 지나가면…… 그림자는 짧아질 것 같은데."

"맞아. 저번에 태양의 고도를 잴 때도 한 번 해 봤잖아. 그림자 길이가 짧은 대신 해는 높이 떠 있고 정남쪽에 있어. 이걸 **태양의 남중 고도**라고 해. **태양의 고도가 하루 중 가장 높을 때의 고도**를 말하지."

"남중 고도가 되면 그림자도 짧아진다고? 아침부터 이렇게 더운데 남중 고도가 되면 얼마나 더 더울까."

마르스가 걱정스럽게 말했다.

“그러게. 우리 얼른 시원한 팥빙수랑 수박부터 먹자.”

더위 걱정을 하던 마르스는 숨도 안 쉬고 먹은 듯 눈 깜짝할 사이에 팥빙수를 다 먹어 버렸다. 친구들에게 이것저것 설명하느라 몇 숟가락 못 떠먹은 유니의 팥빙수는 벌써 얼음이 많이 녹았다. 다행히 파도가 칠 때마다 시원한 바람이 불어왔다.

마르스는 그늘에 앉아서 유니에게 판테온 신전의 아름다운 모습을 이야기해 주었다. 그동안 새토르는 시원한 바다에서 또 한바탕 수영을 하고 그늘로 들어왔다.

"애들아, 여기 봐."

유니가 파라솔의 그림자를 가리켰다. 그림자는 아까 보았을 때보다 많이 짧아져 있었다.

"지금이 12시 30분이거든."

아침에 더위를 걱정하던 게 생각나 마르스가 유니에게 물었다.

"지금 온도가 몇 도야?"

"섭씨 30도"

"그렇구나."

바다에서 육지 쪽으로 불어오는 시원한 바람 탓인지 그리 덥게 느껴지지 않아, 유니는 친구들과 모래성을 쌓으며 놀았다. 이따금 큰 파도가 부서져 바닷물이 깊숙이 들어오면 멋지게 쌓은 모래성이 흔적도 없이 사라졌다. 한참을 놀다 보니 2시가 되었다.

"유니야, 섭씨 33도야."

아까부터 그늘에 들어가 꼼짝 않던 마르스가 유니를 불렀다.

"거봐. 태양의 남중 고도가 제일 높을 때보다 오후 2시쯤이 제일 기온이 높아. 이 모래를 만져 봐."

"앗, 뜨거워!"

무심코 모래를 짚어 보던 마르스가 기겁을 하며 두 손으로 귀를 잡았다.

"뜨겁지? 태양의 남중 고도가 제일 높을 때보다 오후 2시쯤이 제일 기온이 높은 이유는 데워지는 시간이 있어서 그래. 아침에는 이 모래가 그리 뜨겁지 않았지만 시간이 지나면서 점점 뜨거워진 거지."

남중 고도에 대해 설명하던 유니가 무슨 생각이 난 듯 마르스에게 물었다.

"마르스, 지금 바람이 어디서 불고 있니?"

"바다 쪽에서 불어오는데. 봐, 시원하잖아."

"이제 해가 지면 바람의 방향이 거꾸로 바뀔 거야. 기다려 봐."

"땅이 더워졌다면서? 그럼 밤에는 뜨거운 바람이 부는 거야?"

마르스는 밤에도 낮처럼 더울까 봐 걱정이다.

"하하하! 아니야. 밤에는 해가 지니까 땅이 데워질 수 없잖아. **해가 지면 땅은 빨리 식어. 그렇지만 물은 천천히 식지. 바람은 찬 곳에서 더운 곳으로 불거든.** 그래서 낮에는 천천히 데워지는 바다에서 빨리 데워진 땅 쪽으로 바람이 불었던 거야. 반대로 밤에는 땅 쪽에서 바다 쪽으로 바람이 불지."

유니의 설명을 듣고 마르스는 생각을 정리하느라 좀 멍하게 있었다.

"마르스, 뭘 그렇게 생각해? 아무튼 밤에는 덥지 않을 거라는 말이니 안심해."

새토르가 장난스럽게 마르스를 툭 치며 말했다.

이제야 마르스는 더위가 가신 듯 힘이 났다. 환한 마르스의 얼굴을 보니 새토르와 유니도 기분이 좋아졌다.

"마르스, 걱정 마. 이제 곧 선선한 가을이 올 거야."

"가을?"

"응. 우리 지구에서 내가 살고 있는 곳은 봄, 여름, 가을, 겨울의 사계절이 있어. 지금은 더운 여름이지만 얼마 후엔 시원한 가을이 오고, 추운 겨울로 계절이 바뀌었다가 다시 따뜻한 봄, 그리고 더운 여름으로 계절이 순환하지."

"그래? 우리 판테온은 항상 덥지도 춥지도 않은데, 지구는 신기하다. 그런데 어떻게 여름이 오고 가을이 되고 그러는 거야?"

이번에는 새토르가 물었다.

"**계절이 바뀌는 것은 지구 자전축이 기울어진 채 태양을 공전하기 때문이야.** 이로 인해서 기온이 태양의 고도에 따라서 변하거든. 여름에는 해가 오늘처럼 머리 위쪽에 떠서 지고 햇빛도 강하기 때문에 기온이 높지. 반면에 가을에는 태양의 고도가 여름보다 낮기 때문에 햇빛의 양도 그만큼 줄어들어."

"아하. 겨울에는 태양의 고도가 더 낮고 해가 떠 있는 시간도 짧아서 태양열을 적게 받으니까 기온이 낮아지고 추워지겠구나."

마르스는 벌써 추워지기라도 한 듯 들뜬 목소리로 말했다.

"웬일이야? 마르스가 빨리 이해를 했네. 하하하."

시원한 바람을 맞으며 유니는 친구들과 함께 집으로 왔다. 유니는 새토르와 마르스에게 계절이 생기는 이유를 좀 더 자세히 알려 주고 싶어 이른 저녁밥을 먹고 방에 모이자고 했다.

"애들아, 계절이 생기는 이유를 알려 줄게."

"안 그래도 궁금했어."

새토르가 반기며 말했다.

"여기 지구 모형이 있어. 지구본이라는 거야."

유니는 지구본을 든 채 천천히 방 안을 돌았다.

“이렇게 지구가 태양 둘레를 돌기 때문에 계절이 생겨.”

“태양계 행성들은 태양을 중심으로 돌고 있지. 판테온에서 봤어.”

“그랬구나. 그럼 잘 알겠네.”

새토르는 판테온에서 봤던 태양계의 아름다운 모습을 떠올렸다. 판테온에서 하루도 거르지 않고 어울려 놀던 주피토르도 보고 싶었다.

‘아, 빨리 오메가 구슬 조각을 찾아야 할 텐데…….’

새토르의 마음을 모르는 유니가 설명을 이어 갔다.

“그런데 한 가지 비밀이 있어.”

비밀이란 말에 오메가 구슬 조각 생각에 빠져 있던 새토르가 깜짝 놀랐다.

“비밀? 그게 뭔데? 얼른 말해 봐.”

“지구는 사실 기울어서 돌고 있다는 거지. 북극과 남극은 여기랑 여기에 있거든. **지구가 똑바로 서서 태양을 돈다면 계절은 바뀌지 않아.** 지구가 만약 이렇게 수직으로 서서 태양의 둘레를 돈다면 남중고도는 어떻게 될까?”

지구본의 북극과 남극 부분을 가리키며 설명하던 유니가 이번엔 지구본을 기울여 북극과 남극이 수직이 되게 하며 물었다.

마르스와 새토르는 지구가 기울어져 있다는 말에 어리둥절했다.

잠시 대답을 기다리던 유니가 말했다.

“아마 변화가 없을 거야.”

“유니야, 잘 모르겠어.”

마르스는 뭐가 뭔지 모르겠다는 듯 고개를 저었다.

“안 되겠다. 그럼 마르스, 네가 우리나라 위치에 3센티미터짜리 수수깡을 하나 붙여 줄래? 그리고 책상 가운데에 손전등을 놓아. 새토르, 넌 지구본의 북극과 남극을 잇는 선이 바닥에 대해 수직이 되게 세워서 천천히 손전등, 즉 태양 주위를 도는 거야. 단, 지구본과 손전등 사이의 거리가 같게 돌아야 돼."

"자, 그럼 출발."

새토르가 지구본의 북극과 남극을 잇는 선이 바닥에 대해 수직이 되게끔 들고 손전등 주위를 천천히 한 바퀴 돌았다.

"그림자 길이가 똑같은걸."

새토르가 들고 있는 지구본을 지켜보던 마르스가 말했다.

"그렇구나. 태양의 고도가 변하지 않는다는 말."

새토르는 역시 이해가 빨랐다.

"맞아. 북극과 남극을 잇는 선이 바닥에 대해 수직이 되게끔 지구본을 세워 들고 돌 때는 지구본의 위치가 변해도 태양의 남중 고도와 그림자 길이는 변화가 없어. 그럼 이제 비밀을 찾아봐."

"비밀?"

마르스와 새토르가 동시에 물었다.

새토르는 손에 든 지구본을 바라보며 생각에 잠겼다. 그냥 내려두면 북극과 남극이 서로 비스듬히 놓이는데 그걸 굳이 위아래로 수직이 되게 세우고 태양 주위를 돌았던 것에 비밀의 열쇠가 있을 것 같았다.

"혹시 지구본의 북극과 남극을 잇는 선이 바닥에 수직이 되게 세운 것과 관계가 있어?"

"맞아. 바로 그거야."

유니가 손뼉을 짝 치며 외쳤다.

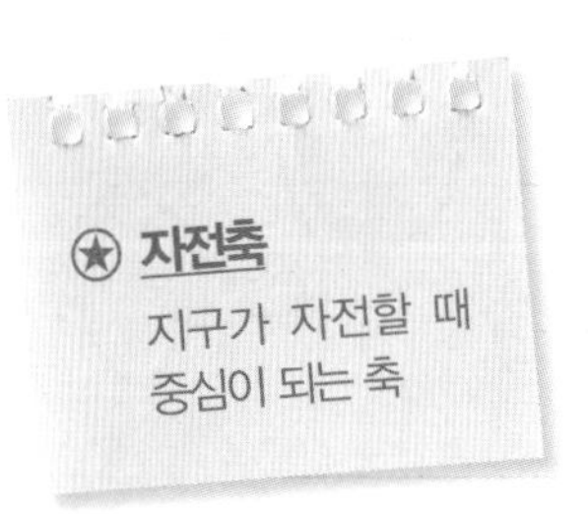

"지구가 돌고 있는 중심축, 즉 ★ 자전축이 23.5도 기울어졌다는 거! 23.5도 기울어진 채로 하루에 한 바퀴 돌면서 태양의 둘레를 1년에 한 바퀴 돈다는 거!"

"23.5도라고?"

"기울어진 채로 하루에 한 바퀴 돌고, 1년에 한 바퀴 태양의 둘레를 돈다는 거야?"

새토르와 마르스가 한마디씩 했다.

유니는 지구본의 기울어진 축에 각도기를 대며 친구들을 불렀다.

"이걸 봐. 23.5도 맞지?"

유니는 지구본을 빙그르 돌리며 마르스 주위를 한 바퀴 돌았다.

마르스와 새토르가 서로 얼굴을 쳐다보며 어깨를 으쓱했다.

"자, 너희들이 직접 해 봐. 지구본의 자전축이 기울어진 채로 태양의 둘레를 돌아 보는 거야."

"마르스 네가 태양이라고 한다면……."

유니가 마르스의 손에 손전등을 쥐여 주었다.

새토르는 지구본을 들고 유니가 시키는 대로 손전등을 든 마르스 주위를 돌았다.

"으응. 위치에 따라 그림자 길이가 달라지는걸."

지구본을 지켜보던 마르스가 먼저 말했다.

"그래. 나도 봤어."

새토르도 맞장구쳤다.

이제 유니와 마르스, 새토르는 종이를 펼치고 아까 실험할 때 보았던 것을 그리고 각 위치에 (가), (나), (다), (라) 표시를 하였다.

"(가)일 때 그림자 길이가 가장 짧고 (다)일 때 가장 길었어."

마르스가 말했다.

"그렇다면 (가)는 여름이고 (다)는 겨울이구나."

새토르가 금방 이해하고 덧붙였다.

"맞아. (나)와 (라)는 그림자의 길이와 남중 고도가 비슷해. 가을과 봄이 되는 거지."

유니도 신이 나서 말했다.

계절의 변화가 생기는 가장 큰 이유는 지구가 기울어진 채로 태양의 둘레를 돌다 보니 남중 고도와 기온의 변화가 생긴다는 데 있다.

"유니야, 혹시 지구가 태양 주위를 돌다가 좀 가까워질 때 여름이 되는 거 아닐까? 난로도 가까이 가서 쬐면 훨씬 뜨겁잖아."

역시 새토르는 궁금한 게 많았다.

"오호, 새토르, 대단하다. 그런 생각을 다 하고!"

새토르는 유니의 칭찬에 얼굴이 환해졌다.

"그런데 아니라고 말해야겠네. 그렇게 생각하기 쉬운데, 지구는 태양 둘레를 동그란 원이 아닌 ★ 타원으로 돌고 있어. 약간의 거리 차이가 있지만 그 거리가 계절에 큰 영향을 주지는 않아."

★ 타원
평면 위의 두 점으로부터 거리 합이 일정한 점의 집합으로 만들어지는 곡선

"타원이라고?"

마르스가 물었다.

"응. 원은 원인데 좀 길게 생긴 원을 타원이라고 해."

"난 동그란 건 다 원인 줄 알았는데……."

"**원은 평면상의 어떤 점에서 거리가 일정한 점들의 집합**을 말하는 거야. 타원은 좀 이해하기 어려울 수 있지만, 예를 들어 원뿔을 평면으로 이렇게 자르면 타원이 얻어져!"

유니가 종이에다 원뿔을 비스듬히 잘라 타원형이 생긴 모습을 그렸다.

"너희들, 판테온에서 태양계 행성들이 태양을 중심으로 돌고 있

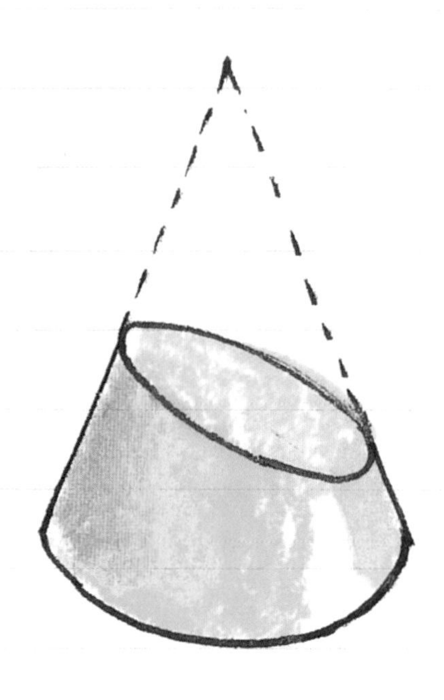

는 걸 봤다고 했지? 그런데 태양계 행성들이 왜 태양을 중심으로 돌고 있는지 아니?"

"음…… 아직 거기까진 듣지 못했어."

새토르는 판테온에서 더 많이 배우고 오지 못한 것이 아쉬웠다. 아마 판테온에서 배우지 못한 것을 배우려고 유니를 만나게 됐나 보다.

"그건 태양과 행성 사이의 끌어당기는 힘 때문이야. **만유인력**이 작용하는 거지. 태양과 지구만 서로 끌어당기면 사실 거의 원에 가깝게 돌겠지만, 지구와 다른 행성 사이에도 만유인력이 작용하기

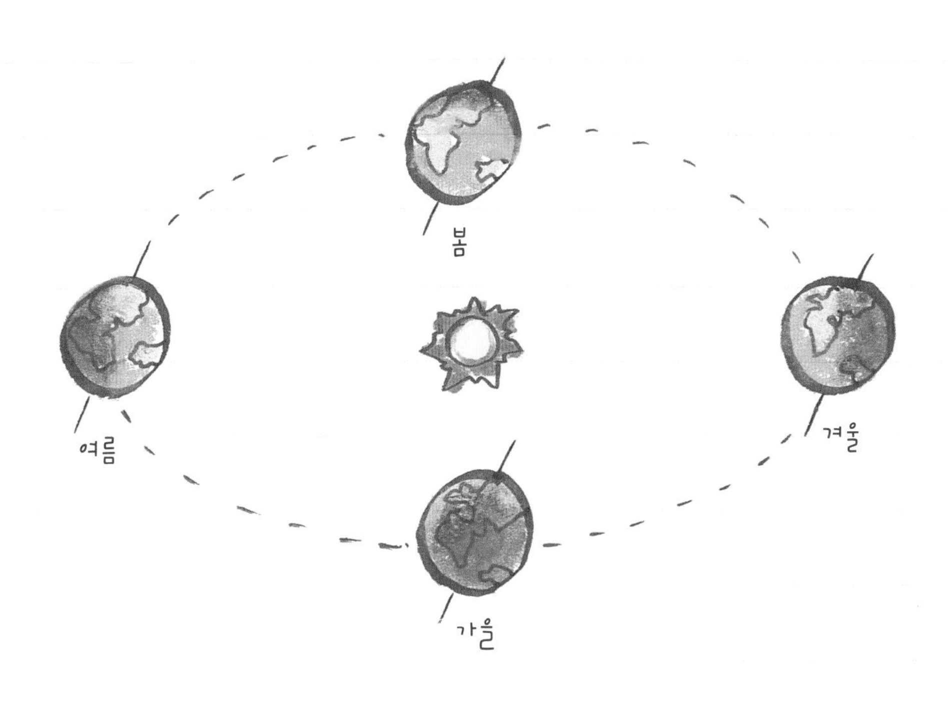

때문에 타원 궤도로 태양 둘레를 도는 거래."

새토르는 유니에게 들은 지구의 비밀을 정리해 보았다.

첫째, 지구 자전축은 23.5도 기울어졌다.
둘째, 태양 둘레를 타원으로 공전한다.
셋째, 태양의 남중 고도와 기온의 변화가 생긴다.

새토르는 '이 정도면 지구의 비밀을 모두 알게 되었구나!' 싶어 어깨가 으쓱했다.

그러고 보니 어느새 저녁이 되었다. 판테온에서는 해가 기울기 시작하면 무서웠다. 모든 것이 멈춰 버렸기 때문이다. 그러나 지구에서는 오히려 밤이 기대된다. 오늘은 유니가 어떤 별을 보여 줄까? 오늘 밤에도 하늘에서 오메가 구슬 조각을 찾을 수 있을까?

"유니야, 이제 별 보러 가자. 응?"

새토르가 유니에게 별을 보러 가자고 하니 마르스도 부채질을 하며 거들었다. 그렇지 않아도 유니도 시원한 언덕에서 여름밤의 별들을 보고 싶었다. 밤하늘의 별은 언제 보아도 아름답고 신기하다. 세 아이들은 어제처럼 밤하늘에서 깨진 조각을 찾을 수 있지 않을까 기대하며 즐거운 마음으로 언덕으로 향했다.

언덕에 오르니 시원한 바람이 불었다. 세 아이들은 언덕에 누워 밤하늘을 올려다보았다. 하늘에서 반짝이는 무수한 별들이 눈앞으로 쏟아질 것만 같았다.

"어머, 오늘은 밤하늘이 더 깨끗하네. 어서 오메가 구슬 조각을 찾아보자."

"유니야, 고마워."

새토르는 자신들의 안타까운 마음을 알아주는 유니가 고마웠다.

"뭘! 아직 깨진 조각을 다 찾지 못했잖아."

마르스가 퉁명스럽게 말했다.

"잃어버린 조각이 어떤 모양인데?"

"어제 찾은 사각형 말고 삼각형이랑 아래가 볼록한 반원 모양이야."

퉁명스레 말한 게 미안했던지 마르스가 얼른 대답했다.

"그래? 오늘도 꼭 찾았으면 좋겠다."

"유니 넌 좋은 친구야."

"고마워. 판테온으로 돌아가더라도 날 잊지 않을 거지?"

"그럼. 우린 영원한 친구인걸."

새토르가 웃으며 대답했다.

"주피토르가 질투하지 않을까?"

그때 마르스가 불쑥 끼어들었다.

"주피토르가 누구야?"

"판테온 신전의 친구야. 주피토르와 새토르, 나, 이렇게 셋은 항상 같이 다니면서 재미있게 지냈었어. 지금은 판테온 신전에 혼자 남아서 깨진 오메가 구슬을 지키고 있지. 주피토르는 잘 지내고 있겠지? 보고 싶다."

마르스의 말에 새토르가 뭔가 생각난 듯이 깜짝 놀라 일어났다.

"마르스, 나 어젯밤에 꿈을 꾸었어. 주피토르를 만나는 꿈."

"그래? 그걸 왜 이제야 말하는 거야?"

마르스와 유니도 일어나 앉았다.

"어서 말해 봐. 혹시 꿈속에서 오메가 구슬 조각이 어디 있는지 주피토르가 말해 준 거야?"

새토르는 간밤의 꿈을 곰곰이 생각했다.

"우주에서 주피토르를 만났는데 너무 멀리 있어서 내가 불렀어. 그랬더니 별 무리로 아름답게 빛나는 다리가 만들어지더라. 그리고 우리가 막 손을 잡으려는데 다리가 부서지면서 각자 어디론가 빨려 들어갔어."

새토르는 꿈속에서 무서웠던 기억이 떠올라 몸을 떨었다.

"뭐야, 주피토르가 무슨 말은 안 했어?"

"몰라. 그냥 빛나는 다리만 생각나."

그때 유니가 소리쳤다.

"빛나는 다리? 그거 은하수에 얽힌 얘기 아닐까? 은하수를 건널 수 있도록 하늘에서 새들이 다리를 만들었다는 우리나라 전설이 있거든."

"그 빛나는 다리가 깨진 조각을 찾는 단서일까?"

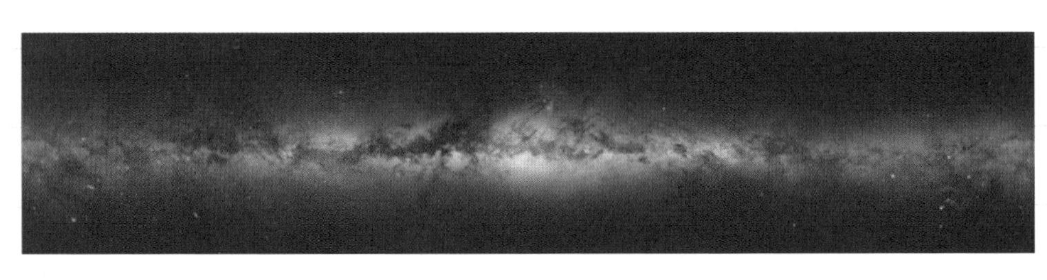

은하수

새토르가 중얼거리는 소리를 들은 마르스가 유니에게 좀 더 자세히 말해 달라고 재촉했다.

"응. 저기 보이는 직녀성 베가와 견우성 알타이르에 관한 전설이야. 옛날에 견우라는 목동과 길쌈을 잘하는 직녀가 서로 무척 사랑했대. 그런데 둘이 만나서 노느라고 하늘의 일을 안 한 거야. 그래서 하느님이 1년에 한 번만 만나라고 벌을 주었지. 그런데 견우와 직녀 사이에 은하수가 흘러 건널 수가 없는 거야. 둘이 슬피 우는 걸 보다 못한 새들이 1년에 한 번 칠월 칠석 날 은하수에 다리를 만들어 준다고 해."

"아, 슬픈 이야기다."

마르스가 한숨을 쉬며 말했다.

"견우성과 직녀성이라고? 하느님까지 하면…… 유니야, 혹시 하느님 별도 있어?"

"뭐, 하느님 별? 푸하."

새토르의 엉뚱한 질문에 유니가 웃음을 터뜨렸다.

"아니, 난 그저 혹시나 해서……."

새토르가 무안한 듯 말을 얼버무렸다.

그때 유니 머리에 퍼뜩 떠오르는 게 있었다.

"아니야. 좋은 생각일 수도 있어. 하느님 별이란 건 없지만…… 이건 어떨까?"

유니가 밤하늘을 살펴보며 직녀성과 견우성, 그리고 또 하나의 별을 찾았다.

"저기를 봐. 1500광년 떨어져 있고 태양보다 6만 배나 밝은 데네브라는 별이 직녀성과 견우성 위에 있거든. 저기 보이는 별이야."

세 아이들은 하늘을 올려다보았다. 환하게 빛나는 세 개의 별이 보였다.

"**직녀성인 베가와 견우성인 알타이르, 그리고 데네브 세 개의 별을 선으로 이어 봐.**"

"삼각형이다, 삼각형!"

새토르와 마르스가 동시에 외치며 깡충깡충 뛰었다.

"맞아. 저 세 개의 별을 여름철 대삼각형이라고 해."

유니의 말에 마르스와 새토르는 오메가 구슬 조각이 확실하다고 생각했다.

"하나, 둘, 셋. 마르카, 새르퐁, 얍!"

새토르와 마르스는 삼각형을 그리며 주문을 외웠다. 그 순간 세 개의 별에서 섬광이 빛났다. 삼각형이 완성된 것이다!

드디어 세 개의 오메가 구슬 조각 중 두 개를 찾았다.

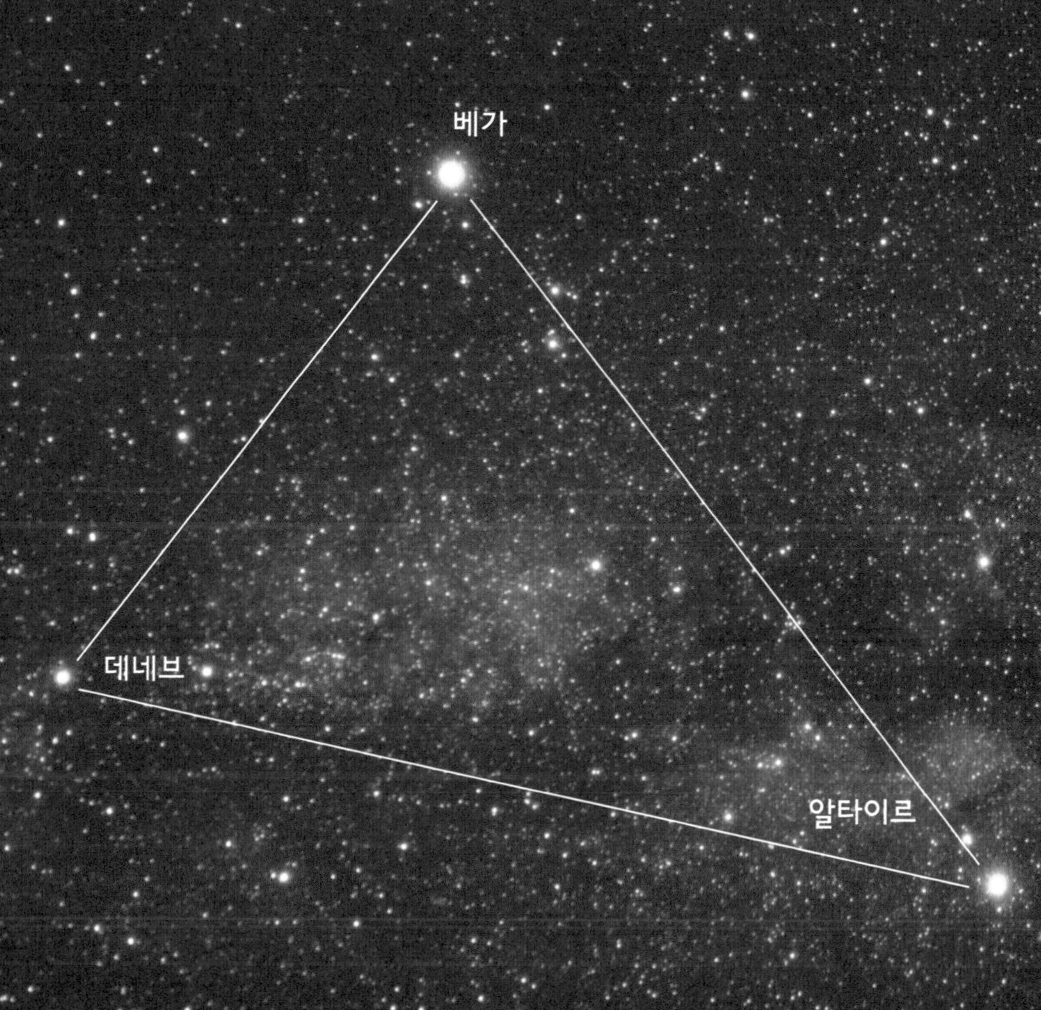
베가
데네브
알타이르

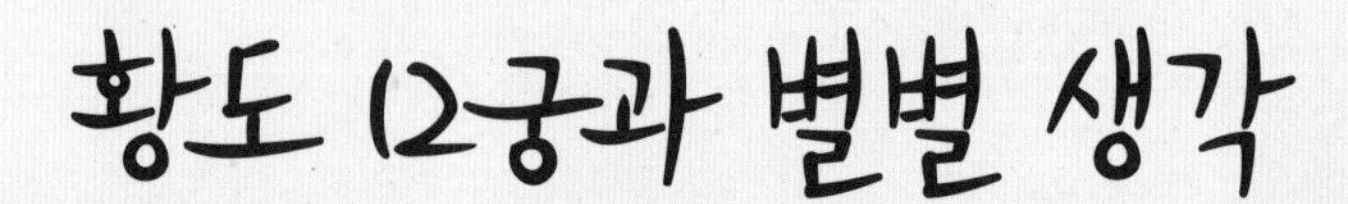

황도 12궁과 별별 생각

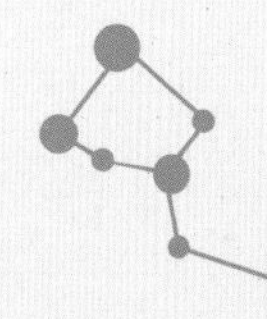

여러분의 생일은 몇 월 며칠인가요? 자신의 양력 생일로 생일 별자리를 알아보세요. 생일 날짜와 일치되는 황도 12궁의 별자리가 여러분의 생일 별자리가 되는 것입니다.

황도 12궁이라고 이름이 붙은 건 태양이 지나가는 길에 12개의 별자리가 있기 때문입니다. 하지만 막상 태양이 그 자리를 지나갈 때는 밝은 태양 빛 때문에 그 달에 해당하는 별자리가 보이지 않습니다. 반대편에 있는 별자리가 보이게 되는 것이죠. 황도 12궁의 별자리 이름은 순서대로 양자리, 황소자리, 쌍둥이자리, 게자리, 사자자리, 처녀자리, 천칭자리, 전갈자리, 궁수자리, 염소자리, 물병자리, 물고기자리이며 이들이 원위에 차례대로 서 있는 형상을 하고 있습니다. 내가 만일 양력 2월 10일에 태어났다면 물병자리가 되는데요. 그때는 태양이 지나가기 때문에 물병자리가 보이지 않고 가을에 보이게 되는 것입니다.

하늘의 별자리는 몇 개일까요? 국제천문연맹에서는 1927년에 88개 별자리를 확정하여 발표하였습니다. 그런데 지역에 따라서 보이는 별자리 수가 다르겠지요? 우리나라가 있는 북반구 지역에서는 대략 52~60개 정도의 별자리를 볼 수 있답니다.

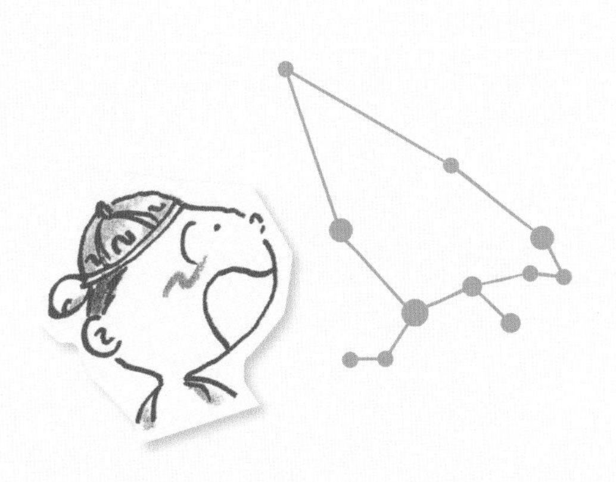

별자리는 계절이 지나면 볼 수 없을까요? 북쪽 하늘에 있어서 일 년 내내 볼 수 있는 별자리가 있습니다. 대표적으로 큰곰자리는 우리에게 익숙한 북두칠성이 있는 별자리이지요. 그리고 작은곰자리, 카시오페이아자리, 케페우스자리 등이 있습니다. 계절별로 보면 봄에는 목동자리 · 처녀자리, 여름에는 백조자리 · 독수리자리 · 거문고자리, 가을에는 페르세우스자리 · 안드로메다자리, 겨울에는 오리온자리 · 큰개자리 · 황소자리가 대표적인 별자리입니다.

천문학에서는 태양처럼 스스로 빛을 내는 항성을 '별'이라고 하며 항성의 빛을 반사하여 빛나는 행성, 위성, 혜성 등과 구별합니다. 그럼 별에는 고유한 색이 있을까요? 그렇지는 않아요. 다만 온도에 따라서 붉은색, 파란색, 흰색 등의 색깔을 띠는 것이지요. 우리는 눈으로뿐만 아니라 천체 망원경을 통해서 더 많은 별과 행성을 관찰할 수 있습니다.

물고기자리
(2.19~3.20)
물병자리
(1.20~2.18)
염소자리
(12.22~1.19)
궁수자리
(11.22~12.21)
전갈자리
(10.22~11.21)
천칭자리
(9.23~10.21)

양자리
(3.21~4.20)
황소자리
(4.21~5.20)
쌍둥이자리
(5.21~6.21)
게자리
(6.22~7.22)
처녀자리
(8.23~9.22)
사자자리
(7.23~8.22)

6. 사라진 달

그러고 며칠이 지났다.

"아악!"

"새토르, 무슨 일이야?"

"저기 하늘 좀 봐. 달이 이상해! 점점 사라지고 있어."

새토르는 불길한 생각이 들었다. 벌써 태양계의 질서가 흔들리고 있는 것일까? 이러다 판테온에 영영 돌아가지 못할까 봐 덜컥 겁이 났다.

"정말. 어떡해? 이게 무슨 일이지?"

마르스도 놀라 중얼거렸다.

"마르스, 나머지 오메가 구슬 조각을 빨리 찾지 않으면 천체들이

다 사라질 것 같아."

"이제 마지막 조각만 찾으면 되는데……."

마르스와 새토르는 사라지는 달을 보며 안절부절 못했다.

"마르스, 저기 봐. **달이 반이나 사라졌어.**"

"안 되겠다. 우리가 찾는 마지막 조각인 반원 모양과 비슷하니까 일단 주문을 외워 보자!"

"그래, 그게 좋겠어. 빨리 조각을 찾아야만 해."

점점 사라지는 달

"마르카, 새르퐁, 얍! 마르카, 새르퐁, 얍!"

두 꼬마 신이 열심히 주문을 외웠지만 반원 모양의 조각은 완성되지 않았다. 사실 마지막으로 찾아야 하는 조각은 아래쪽이 볼록한 반원 모양이었다. 마르스와 새토르도 그걸 알았지만 급한 마음에 주문을 외웠던 것이다. 마르스와 새토르가 주문을 외우는 동안에도 달은 조금씩 사라져 갔다.

마르스와 새토르가 팔짝팔짝 뛰면서 주문을 외우고 있을 때 유니가 다가왔다.

"얘들아, 왜 그래? 무슨 일 있어?"

"유니야, 저기 좀 봐."

"달이 사라지고 있어. 우리가 오메가 구슬을 깨뜨리는 바람에 태양계의 질서가 깨지고 있나 봐. 벌써 지구에 이상한 일이 벌어지고 있어. 어쩌지?"

"아, 우리는 이제 판테온에 돌아가지도 못할 거야."

마르스와 새토르가 번갈아 가며 호들갑스럽게 말했다.

"저건 월식이야."

유니는 놀라는 기색도 없이 차분하게 말했다.

"뭐, 월식? 그건 괜찮은 거야?"

새토르는 유니의 태평한 대답에 깜짝 놀랐다.

"응. 안 그래도 말해 주려고 했는데 좀 늦었네."

"월식이 뭔데?"

마르스가 여전히 불안을 떨치지 못한 채 물었다.

"응, 자주 일어나지는 않는 자연 현상이야. 너희들과 같이 월식을 보게 되다니 느낌이 이상한걸."

"자세히 좀 말해 줘."

새토르는 달에서 뭔가 단서를 찾을 수 있지 않을까 싶은 마음이 들었다.

"휴, 다행이다. 난 지구가 어떻게 되는 줄 알았네. 영영 집에 못가는 줄 알았어."

마르스는 안심이 되는 듯 털썩 주저앉았다.

"유니야, 얼른 월식에 대해 말해 줘. 우리가 찾는 오메가 구슬 조각과 관계가 있을지도 몰라."

유니는 새토르의 재촉에 설명하기 시작했다.

"**월식은 태양, 지구, 달 순서로 일직선으로 있을 때 일어나는 현상이야.** 너희들 판테온에서 지구 옆에 있는 달을 보았니?"

"아니, 태양계에 속한 행성 여덟 개만 보았어. 그 행성들 옆에 작은 위성들이 있긴 했는데 자세히 보지는 못했어."

새토르는 좀 더 자세히 볼걸 하는 아쉬운 마음이 들었다.

"지구는 태양 주변을 돈다고 했던 거 기억나? 그런데 지구 주변을 돌고 있는 지구의 위성이 있거든. 그게 달이야."

"저 달? 우리가 밤에 보는 저 달?"

"응. 우리가 밤에 보는 달빛은 지구 반대편의 태양 빛이 달에 비치는 것을 보는 거야."

"그런데 오늘은 왜 달이 점점 없어지는 건데?"

마르스가 답답하다는 듯이 물었다.

"**월식은 태양 빛을 지구가 가려 달이 지구 그림자 속으로 들어가는 현상이거든.** 태양, 지구, 달의 순서로 일직선상에 있을 때 이런 현상이 나타나. 지구는 태양 주위를 돌고 그 지구 주위를 달이 동시에 돌

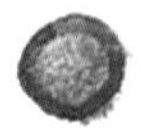

고 있는데, 태양, 지구, 달의 순서로 있을 때는 보통 보름달이 보여. 그런데 오늘처럼 태양, 지구, 달이 일직선상에 있을 때 흔하지 않게 월식이 생기는 거지. 월식은 아주 드물게 보이는 현상이야."

"태양, 지구, 달이 일직선상이라……."

새토르는 곰곰이 생각했다.

"그러니까 태양 빛이 지구와 달에 동시에 비치는 거구나. 그래서 지구의 그림자 속으로 달이 들어오는 동안 우리 눈에는 달이 없어지는 것처럼 보인다 이거지?"

"빙고!"

유니의 칭찬에 마르스도 질세라 덧붙였다.

"지구가 태양 주위를 도는 동안 달도 지구 주위를 동시에 돌고 있으니까 정확히 일직선상에 있는 일이 자주 생기지는 않는다는 말이고. 나도 이해했다고."

어느새 달은 지구 그림자에 가려 눈썹만큼만 보였다.

"이제 달이 사라지려고 해!"

모두 달을 바라보고 있을 때 유니가 갑자기 물었다.

"**지구의 본그림자에 달이 전부 들어갈 경우 개기 월식이라고 하고 일부만 들어갔다가 나오면 부분 월식이라고 해.** 오늘처럼 지구 그림자에 달이 쏙 들어가면 달이 우리 눈에 보일까, 안 보일까?"

유니의 질문에 마르스가 웃으며 대답했다.

"에이, 그건 너무 쉬운 질문이네. 당연히 안 보이지!"

"이제 달이 진짜 조금밖에 안 보여. 완전히 깜깜해지겠는걸."

마르스와 새토르는 달이 점점 사라지는 것을 보며 침을 꼴깍 삼켰다.

"어?"

"뭐야?"

마르스와 새토르는 하늘을 가리키며 동시에 유니를 보았다.

"유니야, 달이 점점 없어지다가 갑자기 붉게 나타났어. 이건 불길한 일이지?"

"아니야, 저것도 자연 현상이야. 지구의 그림자가 정확히 달을 가

리게 되면 달이 없어질 것 같지만, 지구 대기 때문에 꺾인 빛이 달 표면에 반사되어서 어두운 붉은색으로 보이는 거야."

"신기하다. 완전히 그림자 속에 들어갔는데 보이다니! 달이 없어지는 것도 마법 같지만, 없어지던 달이 갑자기 붉게 보이는 것도 마법 같다."

새토르가 감탄하며 말했다.

"자연 현상이라고 하지만, 환하던 보름달이 점점 없어지는 것도 그렇고, 없어지던 달이 갑자기 붉게 보이는 것도 불길하게 느껴져서 무섭다."

마르스는 왠지 으스스한 느낌이 들었다.

"맞아. 천체 망원경이 없던 옛날 사람들은 달이 없어지는 걸 보면서 재앙이 나타난다고 생각했어."

"붉은 달을 보고 얼마나 무서워했을까?"

마르스의 말에 유니는 갑자기 재미있는 생각이 떠올랐다.

"그런데 모든 사람들이 월식을 보면서 너희들처럼 무서워만 한 건 아니야."

"그건 무슨 말이야?"

"너희들, 월식을 보면서 지구의 모양 봤니?"

"엉?"

"지구는 어떤 모양이지?"

"그거야 둥근 공 모양이지. 우리가 판테온에서 태양계 행성을 봐서 정확히 알지."

새토르는 힘주어 말했다.

"그럼 판테온은 어떤 모양이야?"

새토르는 어리둥절했다. 판테온에 살고 있지만 사실 판테온이 어떤 모양인지는 몰랐다. 새토르는 마르스를 바라보았다.

"음, 나도 잘 모르겠어."

"크크. 지구 사람들도 지구가 어떻게 생겼는지 잘 몰랐어. 그래서 사각형이라는 둥 반원 모양이라는 둥 나름대로 제각각 생각했지."

유니가 왜 갑자기 엉뚱한 이야기를 하는지 두 친구들은 궁금했다.

"아까 **월식은 달이 지구 그림자에 가려지는 현상**이라고 했잖아."

"아이참, 그거랑 지구 모양이랑 무슨 상관이냐니까?"

성미 급한 마르스가 물었다.

"가만있어 봐. 좀 들어 보자."

새토르가 궁금한 얼굴로 말했다.

"흠흠. 지구의 그림자가 달을 가린다. 달에 그려진 검은 모양은 지구의 그림자다. 검은 그림자는 지구의 모양이다. 그래도 모르겠니?"

"검은 그림자가 지구의 모양이라……."

마르스와 새토르는 잠시 생각했다.

"아!"

새토르가 알겠다는 듯 손뼉을 쳤다.

"아까 달을 가렸던 검은 그림자는 둥근 모양이었어. 그러니까 지구 그림자가 둥글다는 거고, 따라서 지구는 둥글다!"

"아, 그렇구나."

마르스가 고개를 끄덕였다.

"맞아. **월식은 지구가 둥글다는 것을 보여 주는 증거가 되지.**"

"달이 없어지는 으스스한 모습을 보면서 지구의 모양을 찾아내다니, 도대체 어떤 사람이 그렇게 용감한 거야?"

마르스가 툴툴거리듯이 말했다.

"하하하. 말해 주면 아니? 그냥 지구 사람들 중에는 마법을 할 줄 아는 사람은 없어도 똑똑하고 용감한 사람은 많다는 거 알아 줘."

"유니 너처럼? 네 얘기를 듣고 나니 월식도 참 멋지다."

새토르가 유니를 추어주었다.

"히히, 고마워. 사실은 아주 옛날에 나보다 훨씬 똑똑한 ㊍ 아리스토텔레스라는 사람이 지구가 둥글다는 증거를 찾아냈어. 물체의 그림자는 그 물체의 모양과 같으니까 지구의 그림자를 보면 지구의 모양을 알 수 있다고 믿었지. 그래서 월식으로 지구가 둥글다는 것을 증명한 거야."

> **★ 아리스토텔레스**
> 기원전 384년에 태어난 고대 그리스 철학자로 플라톤의 제자

새토르는 내심 감탄하며, 집에 돌아가면 판테온은 어떤 모양인지 알아봐야겠다고 생각했다.

유니는 새로 만난 친구들이 좋았다. 판테온 이야기를 듣는 것도 재미있고, 지구 이야기를 해 줄 때 열심히 들어 주니 기분이 좋았다.

신이 나서 뭔가 이야기를 더 해 주고 싶은 참에 지난번 미술 시간에 배운 이야기가 떠올랐다.

"이것 좀 볼래?"

"그림이구나. 그런데 이런 사람들은 어디에 사니?"

마르스가 그림을 들여다보며 궁금해했다. 사람들이 입은 옷이 좀

특이했다.

"이 그림은 우리나라 옛날 사람들의 모습을 그린 거야."

유니는 18세기 말 조선 시대의 화가인 ★ 신윤복이 그린 그림을 보여 주었다.

★ **신윤복**
1758년에 태어난 조선 후기 화가로 산수화, 풍속화를 주로 그렸다.

"어? 이 그림에 달이 있네!"

새토르가 그림 속에서 달을 발견했다. 달이 그려진 흥미로운 그림이었다.

"이 달이 좀 전에 본 월식하고 비슷하지 않니?"

유니는 미술 시간에 배운 그림 이야기를 친구들에게 들려주었다.

"이 그림은 젊은 남녀가 새벽에 만나는 장면을 그린 거래. 집 위쪽에 달이 떠 있는데 **부분 월식**이 일어난 장면이라는 말이 있어."

월식이 일어나는 모습을 보면서 무서워하는 사람들도 있고, 지구가 둥글다는 것을 알아낸 사람도 있고, 한 폭의 그림으로 표현한 사람도 있다는 게 재미있게 느껴졌다.

"좋아. 이제 월식을 다 이해했지?"

유니의 장난스러운 질문에 마르스와 새토르는 멈칫했다. 이런 말을 하고 나선 꼭 뭔가 대답하기 어려운 질문을 하곤 했기 때문이다.

"뭐야, 뭐가 또 있는 거야?"

마르스가 귀찮다는 듯 말했다.

"마르스, 들어 보자. 아직 나머지 오메가 구슬 조각에 대한 단서를 찾지 못했다고."

새토르의 말에 마르스도 고개를 끄덕였다.

"좋아. 그럼 반대로 태양, 달, 지구의 순서로 일직선상에 있을 때는 어떻게 될까?"

"아이고."

마르스는 유니의 질문에 머리를 흔들었다. 유니가 웃으며 얼른 말

신윤복, 〈월하정인〉

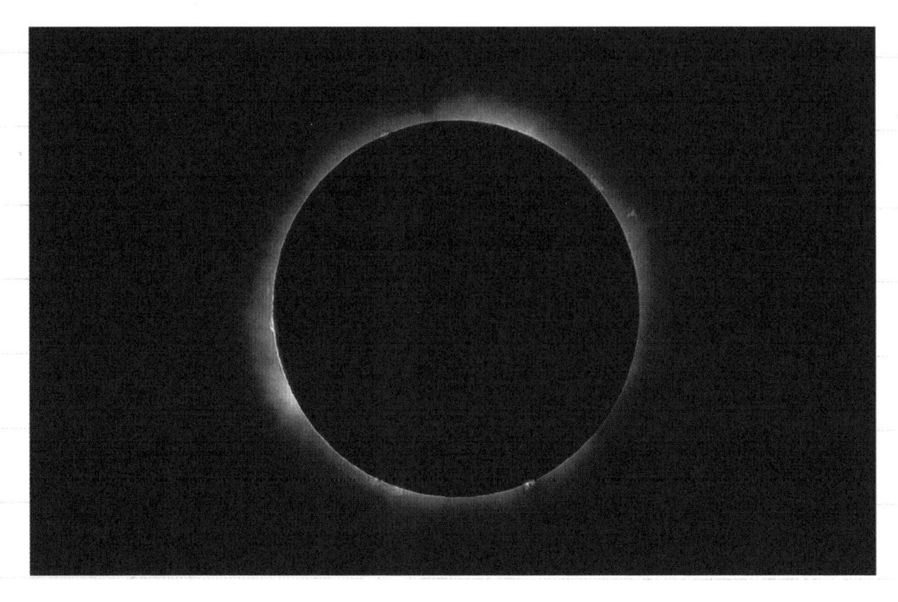

개기 일식

했다.

"미안. 태양, 달, 지구가 일직선상에 있을 때는 월식이 아니라 일식이 생겨."

"일식이라면 태양이 가려진다는 거야?"

머릿속으로 열심히 그림을 그려 보던 새토르가 물었다.

"아, 그러니까 월식하고 달리 달이 태양을 가리는 거네. 그럼 밤이 아니라 낮에 일어나는 거야?"

마르스도 얼른 알아듣고 말했다.

"맞아. 일식도 월식과 마찬가지로 태양이 전부 가려져서 볼 수 없으면 개기 일식, 태양의 일부만 가려지면 부분 일식이라고 해."

"유니야, 그런데 달은 지구의 위성이라며? 그렇다면 달이 태양보다 훨씬 작을 텐데 어떻게 태양을 다 가리는 거야?"

새토르는 의아했다.

유니는 어떻게 알려 줘야 할까 고민하다가 원근법을 떠올렸다. 멀리 있는 것은 작게 보이고 가까이 있는 것은 크게 보인다는 원리다.

유니는 책장에 꽂힌 책을 뽑아 들고 와서 뒤적이더니 친구들에게 그림을 보여 주었다.

마인데르트 호베마, 〈미델 하르니스의 길〉

"물체의 크기가 같거나 더 크더라도 뒤쪽에 있으면 작게 보이거든. 이 그림을 봐. 어떻게 보이니?"

"같은 나무가 멀리 있다고 이렇게 작게 보이는 거야?"

새토르가 두 손가락으로 나무 길이를 가늠해 보며 말했다.

"멀리 있는 사람이 무척 작게 보이는걸."

자세히 살펴보던 마르스도 한마디 했다.

"앞에 있는 나무가 훨씬 크게 보이네!"

"그래. 이 그림에서 한 사람은 앞쪽에 있고 나머지 사람들은 뒤에

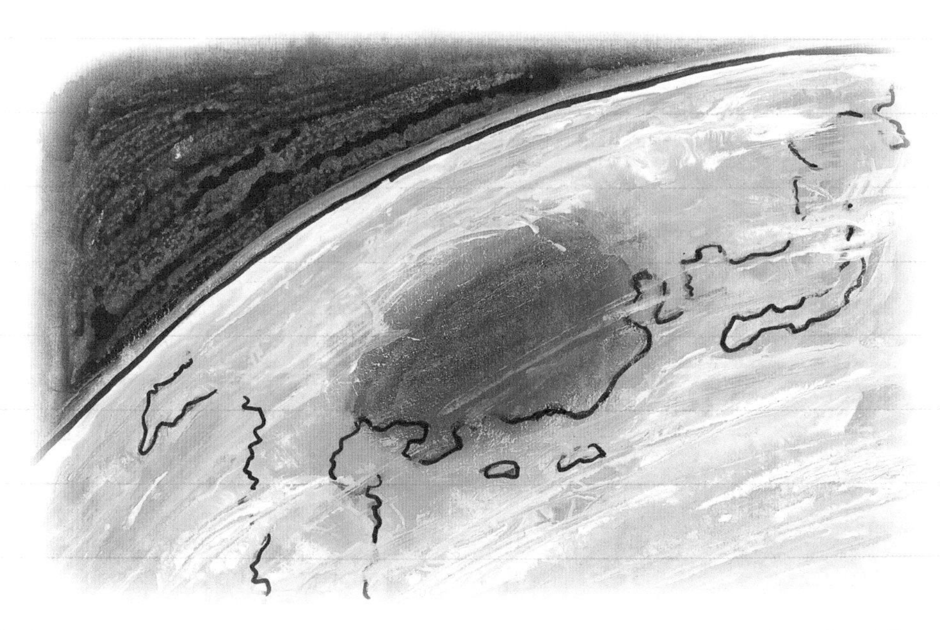

태양이 가려진 일식

멀리 있는 거야. 그랬더니 이렇게 사람의 크기도 달라 보이는 거지. 일식에서 달도 마찬가지라고 생각하면 돼."

새토르가 다시 유니에게 물었다.

"달이 얼마나 떨어져 있는데?"

"달은 지구에서 가깝고, 태양은 달보다 400배 멀리 떨어져 있어. 그래서 커다란 태양이 달과 거의 비슷한 크기로 보이고, 또 달이 우리 눈에 더 가깝기 때문에 태양을 가리게 되는 거야."

새토르는 지구와 달이 공전하면서 지구에 참 많은 일들이 생기는구나 하고 생각했다.

2006년 3월 29일 지중해에서 일어난 일식을 우주 궤도에서 촬영한 사진

"낮에 달이 태양을 가린다, 그럼 낮이 깜깜해지겠네."

"난 낮이나 밤이나 깜깜해지는 건 다 싫어."

마르스는 판테온에서 해가 지면 모든 것이 멈추었던 생각이 떠올랐다.

"마르스, 걱정 마. 일식 때 달이 완전히 태양을 가리지 못하기도 하거든. **달은 지구를 타원으로 돌기 때문에 거리가 가까울 때와 멀 때가 있어서, 완전히 태양을 덮는 개기 일식이라고 해도 먼 거리에 있으면 완전히 덮지 못하는 경우가 생겨.** 또 낮이 깜깜해지는 일식은 달이 지나가는 지역에서만 볼 수 있어. 그러니까 달이 지나가지 않는 지역에서는 평생 못 볼 수 있다는 말이지."

"새토르, 가만히 서 있어 봐."

새토르 옆에 서 있던 유니가 한발 한발 새토르 쪽으로 움직였다.

마르스는 그런 유니를 신기한 듯 바라보았다.

"마르스, 여기 봐. 내가 새토르 앞에 서니까 새토르가 안 보이지?"

"정말! 새토르가 유니한테 가려서 안보이네."

"맞아. 내가 움직이는데 어느 순간 마르스의 눈에 새토르가 안 보이는 것처럼, 일식이나 월식은 달과 지구가 움직이다가 겹쳐지는 순간의 모습이 우리 눈에 보이는 현상이라고 할 수 있지."

마르스와 새토르는 이제야 알겠다는 듯이 동시에 "아!" 하며 고개를 끄덕였다.

"애들아, 내가 재미있는 걸 알려줄게. 이리 와 봐."

유니는 뭔가 생각났다는 듯이 신이 나서 방으로 들어가며 따라오라는 손짓을 했다.

유니는 책상 서랍에서 색종이와 가위, 컴퍼스를 꺼냈다.

"자, 여기를 봐."

색깔이 다른 두 장의 색종이 위에 반지름이 5센티미터인 원을 각각 그리고 동그랗게 잘라, 빨간색 원 위로 노란색 원을 겹쳐 올려놓았다.

"빨간색 원 위에 노란색 원이 겹쳐지네."

"응. 우리가 본 일식과 월식은 겹쳐져 보이는 것뿐이지만, 이렇게 **모양과 크기가 같아서 정확히 겹쳐지는 도형을 서로 ㊝ 합동이라고 해.**"

㊝ **합동**
두 도형이 완전히 포개어지면 합동이라고 한다.

"합동이라고?"

합동이란 말을 처음 듣는 두 친구에게 설명해 주기 위해, 유니는 책상 서랍에서 모눈종이와 자, 투명 비닐, 유성 사인펜을 더 꺼냈다.

"이 모눈종이에 삼각형을 그려 줄래?"

또 뭘 하려는가 하고 호기심 어린 눈으로 다가온 새토르에게 유니가 부탁했다.

새토르는 자를 대고 유성 사인펜으로 삼각형을 그렸다.

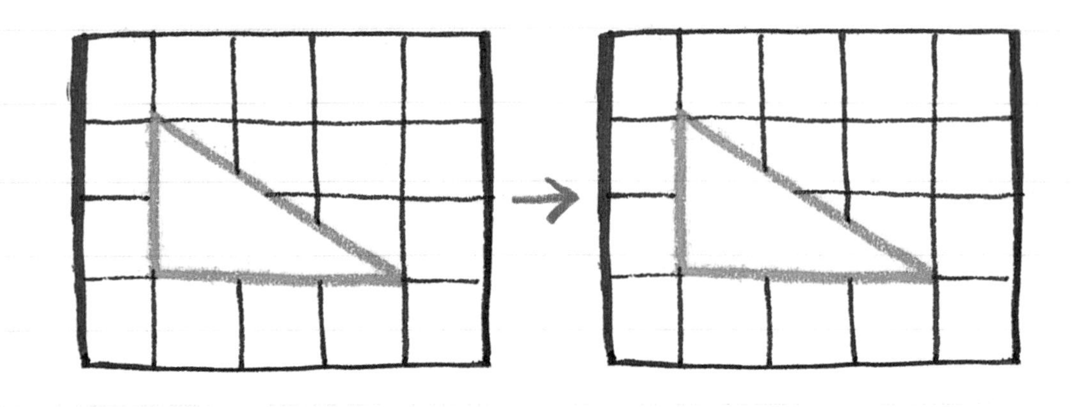

"투명 비닐을 삼각형 위에 올려놓고 또 그려 봐."

유니가 이번엔 투명 비닐에 삼각형을 그려 달라고 했다.

"다 그렸어."

"지금 모눈종이에 그린 삼각형과 투명 비닐에다 그린 삼각형은 서로 합동이야. 이제 투명 비닐을 오른쪽으로 밀어 봐. 삼각형 모양이 변했니?"

"아니, 똑같지 뭐. 변하지 않았어."

모리스가 재미있어 보이는지 끼어들었다.

"유니야, 난 사각형으로 해 볼게. 먼저 사각형을 그리고, 그 위에 투명 비닐을 놓고 사각형을 그린다. 그러고 나서 이렇게 이동하면……. 나는 아래로 이동해 봐야지."

마르스도 합동이 되는 사각형을 그렸다. 그걸 보던 유니는 재미있

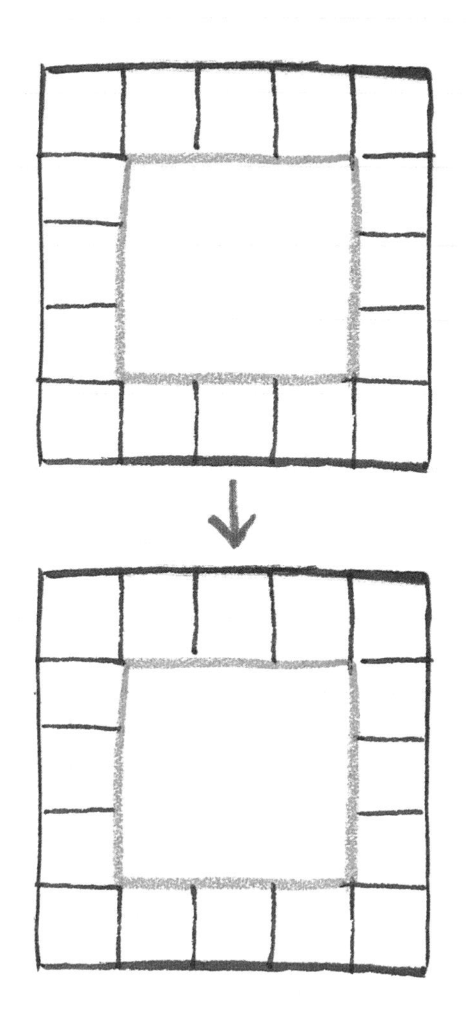

는 생각이 떠올랐다.

"마르스, 만약 지구가 네 그림처럼 사각형이라면 월식 때 보이는 그림자도 사각형이겠지? 지구가 둥글기 때문에 월식 때 그림자 모양이 둥글듯이."

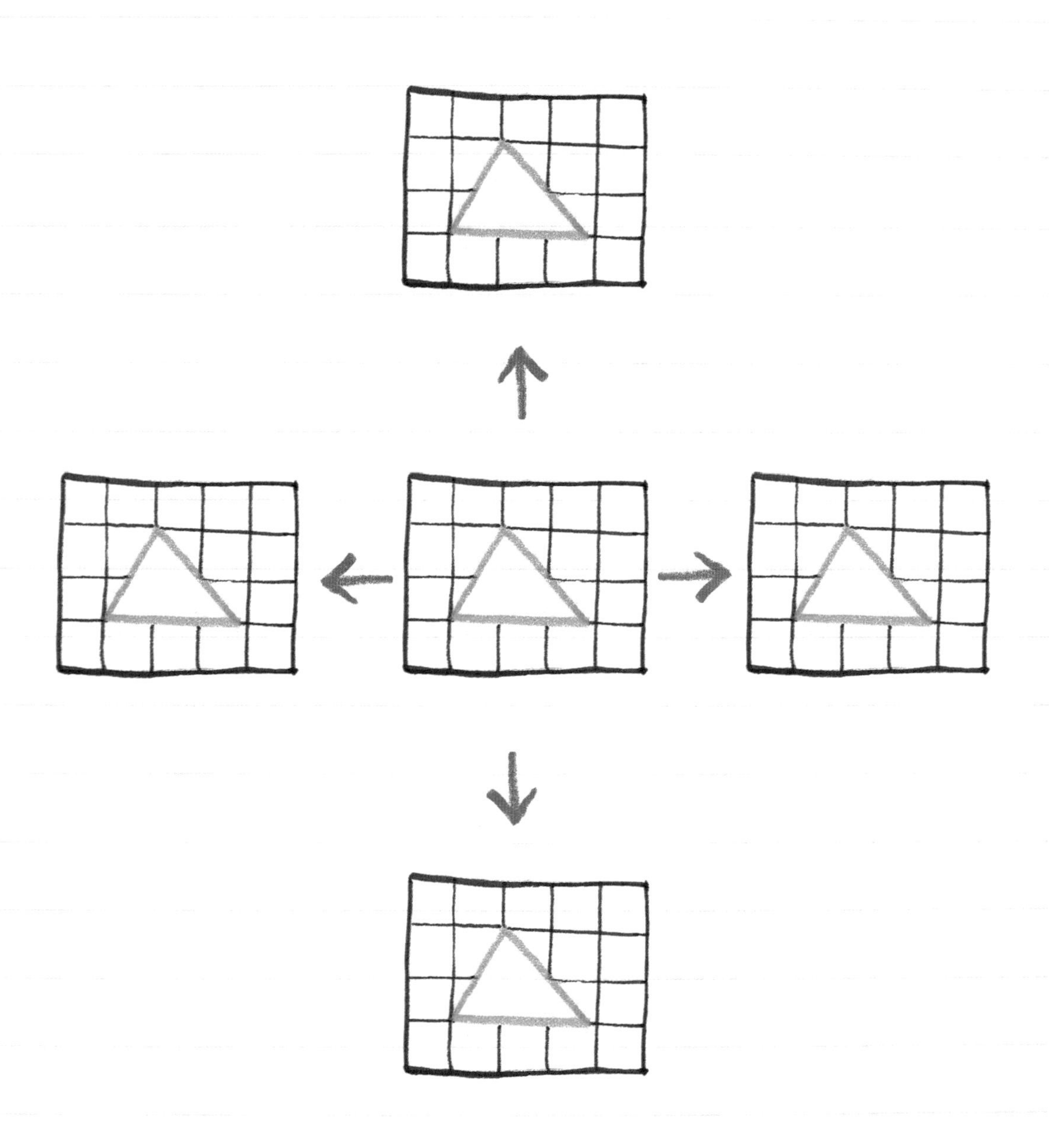

"맞아, 맞아. 나 이제 완전히 이해했다니까. 하하하."

유니가 삼각형이 그려진 모눈종이를 위아래로 움직이며 말했다.

"얘들아, 삼각형을 위, 아래, 왼쪽, 오른쪽으로 이동하면 어떨까?"

"위, 아래, 왼쪽, 오른쪽으로 이동해도 위치만 변하고 모양은 변하지 않지!"

마르스와 새토르가 유니의 앞뒤, 오른쪽, 왼쪽으로 팔짝팔짝 뛰면서 깔깔거렸다.

밤하늘 퀴즈 5

돋보기로 달빛을 모을 수 있을까요?

7. 또 다른 반달을 찾아라

"새토르, 뭐 해?"

"응, 저 달을 보고 있어. 왠지 저 달 속에 오메가 구슬 조각에 대한 단서가 있을 것 같은데 그게 뭔지 모르겠단 말이야."

"새토르, 나도 그런 생각 했어. 아, 빨리 판테온으로 돌아가고 싶다."

마르스도 달을 보며 생각에 잠겼다.

유니는 친구들의 말에 서운한 마음이 들었다. 여러 날 함께 지내면서 정이 들었는지 마르스와 새토르가 떠날 거란 생각을 하니 섭섭했다. 그렇지만 친구들을 위해, 그리고 천체의 질서를 위해 얼른 단서를 찾아야겠다고 생각했다.

"너희들 판테온에 가고 싶구나. 부모님도 보고 싶을 테고. 내가 너희들 처지였더라도 똑같았을 거야. 걱정하지 마. 곧 나머지 조각도 찾을 수 있을 거야. 나도 열심히 도울게."

유니는 새토르와 마르스를 위로해 주었다.

새토르가 고개를 돌리며 유니에게 말했다.

"유니야, 달은 참 신기해. 우리가 지구에 왔던 첫날 저녁 생각나? 그날 언덕으로 별을 보러 갔잖아. 그때 난 저 달이 태양계의 행성인 줄 알았어. 판테온 신전에서 본 여덟 개의 행성처럼 커다래서. 그리고 며칠 후에는 달이 점점 사라지는 걸 보고 무척 놀랐지. 오늘도 달이 조금 찌그러졌네. 또 월식인 거야?"

"아니야. 보름달에서 조금씩 줄어들고 있는 중이야."

유니의 말에 새토르와 마르스는 어리둥절해졌다.

"달이 줄어든다고? 달이 늘어났다 줄어들었다 한다는 거야?"

"얘들아, 처음 만난 날 내가 하루, 15일, 30일에 대해 말해 준 거 생각나?"

"그럼. 내가 그날 얼마나 머리가 아팠는데. 이젠 다 안다니까!"

"하하하."

유니와 새토르가 마르스의 말에 서로 마주 보며 웃었다.

"달은 약 30일 동안 모양이 변해. 첫날부터 15일까지 달이 점점 둥글게 차올라 15일에는 환하고 둥근 보름달이 되지. 그래서 15일을 보름이라고 해. 15일부터 30일까지는 달의 환한 부분이 점점 줄어들어. 눈썹 모양의 달이 점점 줄어들어 아주 가늘어지면 그때를 그믐이라고 한단다."

"날짜는 태양만 관련이 있는 줄 알았는데 달을 보고도 날짜를 알 수 있구나."

"맞아."

"그럼 지금 우리가 보는 달이 반달이니까 앞으로 점점 달이 작아지겠네."

"내가 그림을 그려서 보여 줄게."

유니의 그림을 보던 새토르가 반짝 눈을 빛냈다.

동시에 마르스도 새토르와 눈을 마주쳤다.

"유니야, 여기 봐. 이거 우리가 찾는 조각하고 좀 비슷한걸."

"맞아. 바로 이거!"

"그래? 너희들 이 반달 모양의 조각을 찾는 거야?"

"아니, 저 달은 왼쪽이 볼록한 반원인데, 우리가 찾는 모양은 아래가 볼록한 반원이야."
새토르가 말했다.
"그러게. 참 비슷하기는 한데."
마르스가 실망스러운 듯이 말했다.
유니는 친구들의 말을 듣고 곰곰이 생각하다가 환하게 웃었다.
"애들아, 이 달이 너희가 찾는 조각일 거 같아. 왜 그런지 들어 봐."
새토르와 마르스는 의아했다. 그림의 달은 아래가 볼록하지 않고 왼쪽으로 볼록한데 그게 왜 같다는 건지 이해가 안 되었다.

유니는 서랍을 뒤져 이것저것 가지고 오더니 마르스와 새토르 앞에 펼쳐 보였다.
"애들아, 이걸 해결하면 너희가 원하는 것을 얻을지도 몰라."
"그래?"
마르스가 시큰둥한 목소리로 말했다.
"마르스, 이 모양을 뒤집어 봐."
"어떻게? 이렇게?"
마르스는 여전히 유니의 말에 별로 흥미가 없어 보였다.
"어때, 아까 그림과는 모양이 반대가 되었지?"
"그러게. 뒤집으니까 모양이 반대로 되네!"
마르스가 신기해했다.

"새토르, 신기한 걸 또 발견했는걸."

"나도 해 볼래."

역시 새토르는 호기심 대장이다.

"그럼 새토르에게는 좀 더 어려운 미션을 주어야겠다. 여기 있는 오각형을 화살표에 따라 뒤집으면서 옮겨 봐."

"음. 어디 보자."

새토르는 그림을 보며 곰곰이 생각했다.

"아! 알겠다."

새토르는 오각형 도형을 이리저리 뒤집어 움직였다.

"어때?"

"잘하는걸. 그럼 이건 어때?"

유니가 사진 하나를 마르스에게 건넸다. 마르스는 사진을 보더니

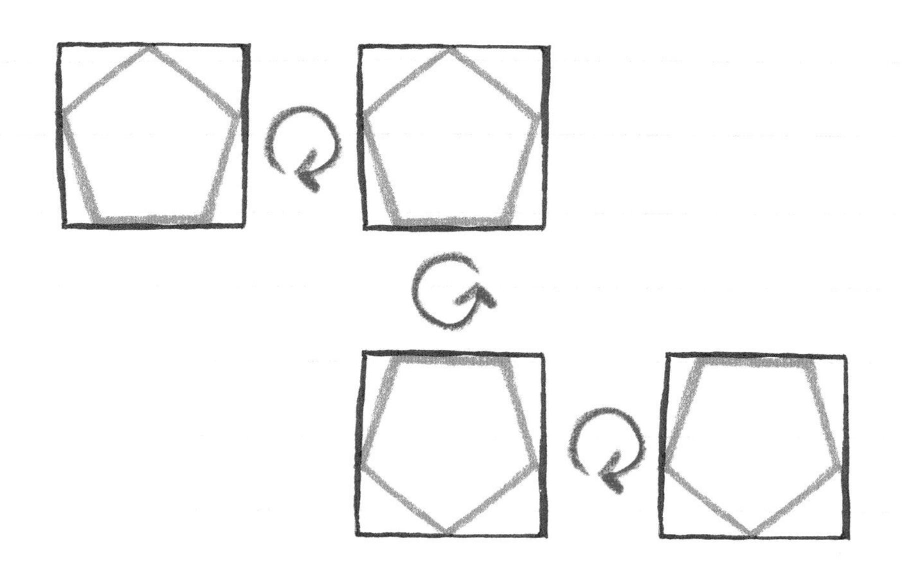

알쏭달쏭한 표정을 지었다.

"유니야, 이건 너무 어렵다. 아까는 도형이었지만 사진을 뒤집어 그리는 건 좀 어려워."

옆에서 가만 지켜보던 새토르가 씩 웃더니 거울을 들고 왔다.

"마르스, 이렇게 하면 되잖아."

새토르가 사진 옆에 거울을 세우니 정말로 사진 속 유니 얼굴이 좌우가 바뀌었다. 역시 새토르는 호기심도 많지만 관찰도 참 잘한다.

"얘들아, 이제 내가 왜 마지막 구슬 조각을 찾았다고 말하는지 알겠니?"

"글쎄?"

"이것처럼 반달을 돌려서 너희들이 찾는 조각으로 만들어 보는 거야."

"그렇구나. 왜 그걸 몰랐지?"

"자, 그럼 좀 더 연습해 보자. 여기 'ㄹ'을 오른쪽으로 90도 돌리면 이런 모양이 나오지."

마르스와 새토르는 도형을 밀거나 옮기면 모양이 바뀌지 않지만 뒤집고 돌리면 모양이 변한다는 것을 알았다.

새토르는 오메가 구슬의 마지막 조각을 찾을 수 있다는 희망에 열

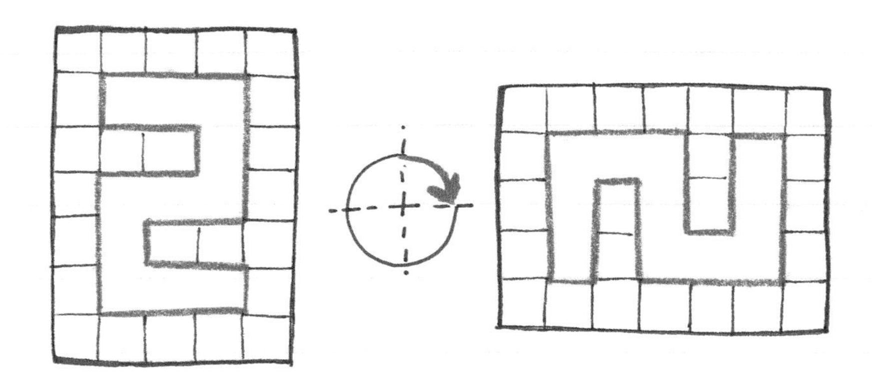

심히 도형을 뒤집었다.

“이 삼각형을 오른쪽으로 뒤집고 다시 오른쪽으로 90도만큼 돌리면 이런 모양이 나오는구나.”

“이제 확실히 알았어.”

마르스도 신이 났다.

“맞아. 반달도 이런 식으로 돌리거나 뒤집으면 우리가 찾는 모양

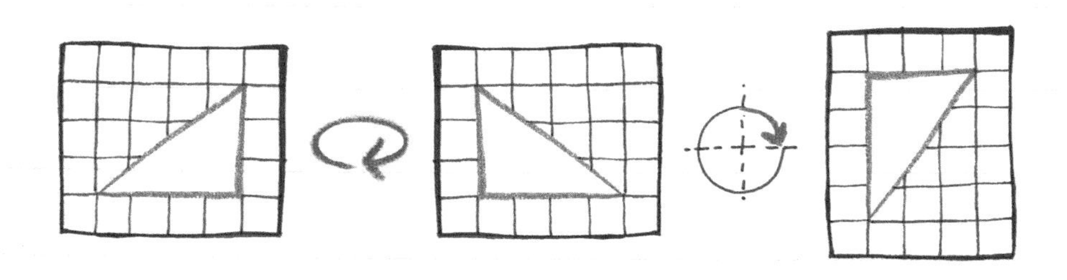

이 분명히 나올 거야!"

"그래그래. 이 하현달 모양을 왼쪽으로 90도 돌리면 그릇 모양이 되지. 짠!"

"야호! 찾았어, 찾았어."

마르스와 새토르는 아래가 볼록한 달 모양을 보며 환호성을 질렀다.

"자, 어서 돌려 보자."

마르스와 새토르는 서로 손을 붙잡고 주문을 외웠다.

"마르카, 새르카!"

유니도 반달이 그릇 모양으로 돌려지기를 바라며 밤하늘을 올려다보았다. 그러나 마르스와 새토르가 아무리 주문을 외워도 밤하늘의 달은 움직이지 않았다.

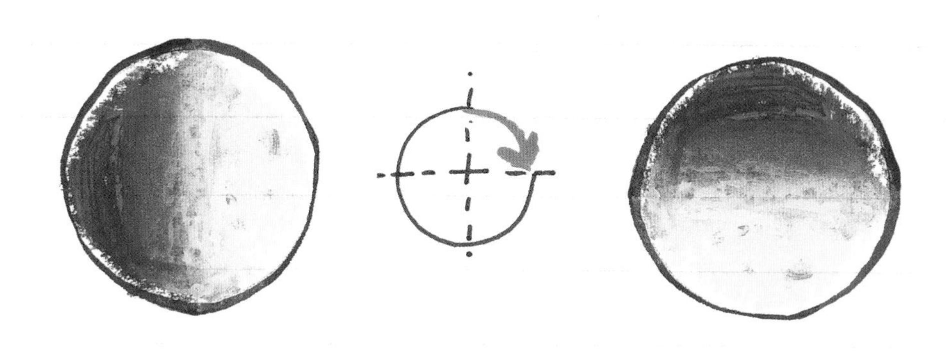

"얘들아, 어쩌면 상현달을 오른쪽으로 90도 돌려야 하는지도 몰라."

실망한 두 친구에게 유니는 희망을 주고 싶었다.

"그래? 그럼 상현달은 언제 볼 수 있는데?"

"내일은 볼 수 없어?"

새토르는 마음이 조급해졌다.

새토르와 마르스는 판테온으로 돌아가고 싶은 마음이 굴뚝같았다.

"너희들 마음은 나도 충분히 알겠지만, 너희가 달에 대해 좀 알아야 할 것 같아. 그래야 깨진 조각의 단서를 빨리 찾을 수 있지 않을까?"

"그럴지도 모르겠다. 유니야, 달의 여러 모양에 대해 알려 줘."

"응. 우선 달의 움직임부터 살펴보자."

유니는 두 꼬마 신의 마음을 진정시키기 위해 밖으로 나왔다.

"얘들아, **저 달은 태양처럼 스스로 빛을 내지 못해.** 달이 빛을 낸다면 아마 우리는 보름달만 볼 수 있었을 거야. **달이 태양 빛을 반사하기 때문에 우리가 저렇게 환한 달을 볼 수 있는 거지.**"

"저것 좀 봐. 아까는 달이 이쪽에 있었는데 지금은 저 위에 가 있어!"

새토르의 관찰력이 또 발휘되었다.

"응. 하룻밤 동안 달은 동쪽에서 서쪽으로 움직여."

"그건…… 달이 지구를 돌기 때문인가? 지구가 태양을 돌기 때문인가? 지구가 혼자 빙글빙글 돌기 때문인가?"

마르스가 아리송한 표정을 지었다.

새토르와 유니는 깔깔거리며 한참을 웃었다.

"마르스, 셋 중에 하나는 맞았다!"

유니는 미소를 지으며 말했다.

새토르가 뭔가 생각난 듯 웃음을 멈추었다.

"**태양도 하루 낮 동안 동쪽에서 서쪽으로 움직이잖아.** 그것과 닮은 거 같은데."

"빙고!"

유니가 엄지손가락을 치키며 말했다. 며칠 동안 마르스와 새토르가 지구에 대해 참 많이 알게 되었구나 싶었다.

"**달이 하룻밤 동안 동쪽에서 서쪽으로 움직이는 건 지구가 자전하기 때문이야.** 내가 적어 볼게."

지구는 하루에 한 바퀴 자전(360도)

1시간에 15도 자전($360 \div 24 = 15$)

1도 자전하는 데 걸리는 시간 4분($60 \div 15 = 4$)

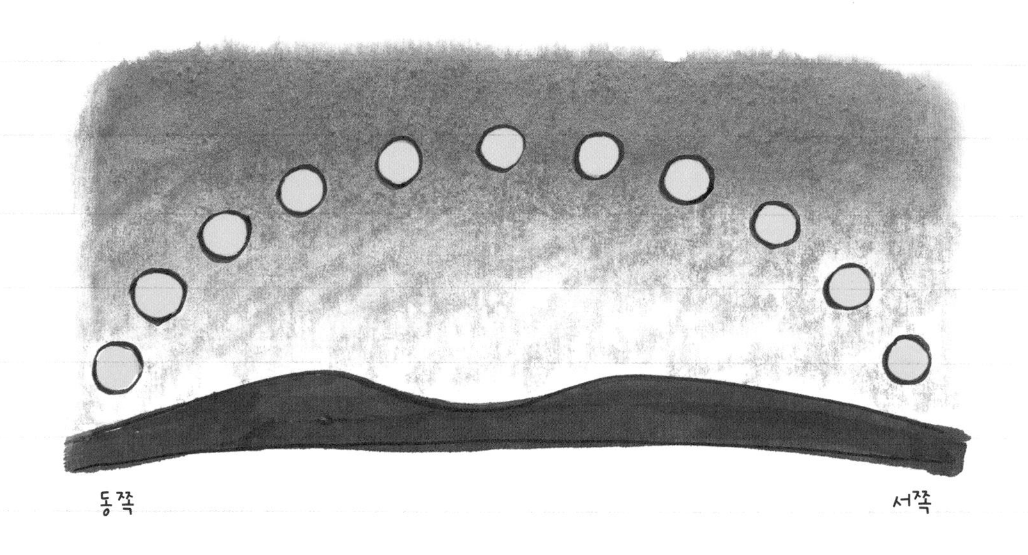

"달이 한 시간에 15도 동쪽에서 서쪽으로 움직이는 것은 지구가 서쪽에서 동쪽으로 자전을 하기 때문이야."

"그럼 달의 위치가 변하는 것과 달의 모양이 변하는 것은 관계가 없구나."

"맞아. 하루 동안 달의 위치가 변하는 것은 지구가 자전을 하기 때문이고, 여러 날에 걸쳐 달의 모양이 다르게 보이는 것은 달의 공전 때문이라고 할 수 있지. 달은 27.3일을 주기로 지구 둘레를 돌지만 달의 모양이 변하는 주기는 29.5일로 조금 차이가 있는데, 이건 달이 지구 주위를 공전하는 동안 지구도 태양 주위를 공전하기 때문이야."

유니가 다음과 같이 적었다.

달은 지구 주위를 한 달에 한 바퀴 서쪽에서 동쪽으로 공전하므로
하루에 12도씩 공전(계산의 편의상 27.3일이 아닌 30일을 기준으로)

$$360 \div 30 = 12$$

지구가 하루(24시간 = 24 × 60분 = 1440분)에 360도 자전하므로
지구가 1도 자전하는 데 걸리는 시간은 4분

$$1440 \div 360 = 4$$

12도 자전하는 데 걸리는 시간은 약 50분

$$12 \times 4 = 48(\text{약 } 50\text{분})$$

"이처럼 달이 자전하는 지구를 공전하기 때문에, 달이 내일 지금 보이는 바로 저 위치에 오려면 오늘보다 50분쯤 늦어져. 오늘 오후 8시에 저 자리에 있는 달을 봤다면, 내일은 50분 후인 오후 8시 50분에나 똑같은 위치에 있는 달을 볼 수 있다는 거지."

"그러니까 지구가 한 바퀴 돌 때 달은 12도를 도니까 지구가 12도만큼 더 돌아야 똑같은 자리에서 달을 볼 수 있다는 얘기구나."

"맞아. 이렇게 해서 **달은 날마다 50분 늦게 뜨게 되는 거야.** 그림으로 그려 볼게."

유니가 그림을 그려 설명하니 마르스와 새토르도 금방 이해할 수

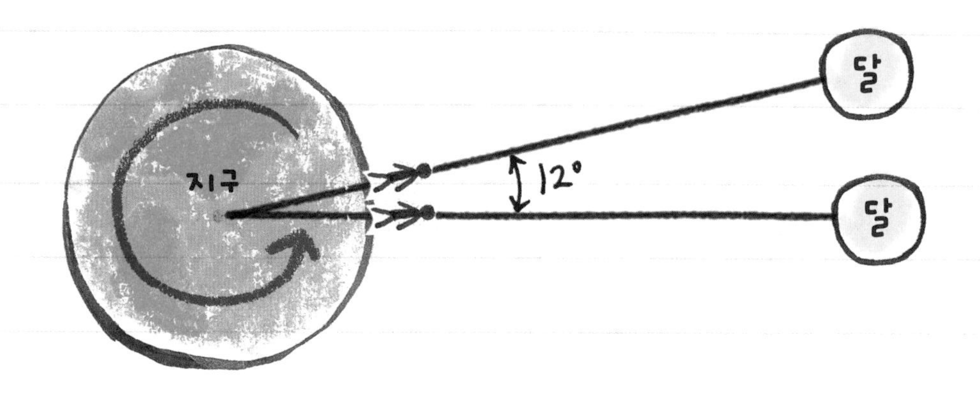

있었다.

"자, 이번에는 달의 여러 가지 모양에 대해 알려 줄게."

마르스와 새토르에게 어떻게 설명할까 궁리하던 유니는 학교에서 했던 실험이 떠올랐다.

"마르스, 나 좀 도와줘."

유니는 벽장을 뒤져서 하얀 스티로폼 공 네 개와 막대기 네 개를 찾아내었다.

"유니야, 이것들로 뭘 하려고?"

마르스가 얼른 막대기를 받아 들며 물었다.

"막대기를 동서남북 네 군데에 세워 줘."

유니는 막대기에 하얀 스티로폼 공을 묶었다.

"뭘 하는 건데?"

마르스는 무척 궁금해하며 유니를 쫓아다녔다.

"마르스, 그만 쫓아다니고 여기 가운데 의자에 앉아 있어 줄래? 자, 이제 전등을 켜면 지구와 달 완성!"

유니는 마르스에게 다가와 의자를 시계 반대 방향으로 천천히 돌렸다.

"마르스, 넌 지금 지구야. 자전하고 있는 지구. 지구 자전 방향인 시계 반대 방향으로 돌면서 빛을 받은 공 모양을 말해 줘."

"어? 알았어."

"아하! 유니 너 달과 지구에 대한 실험을 하는 거구나!"

새토르가 유니의 생각을 얼른 알아차렸다.

"나 이제 시작한다!"

마르스는 천천히 의자를 돌리며 보이는 공의 모습을 말했다.

"(1)은 영어 알파벳 D처럼 보여. 오른쪽 눈썹 같은데. (2)는 공 전체가 보인다. 보름달이야. (3)은 왼쪽 눈썹처럼 보이고 알파벳 D를 왼쪽으로 뒤집어 놓은 모양이야. (4)는 깜깜해. 밝은 곳이 보이지 않아."

그런데 마르스는 달 모양 변화 실험을 하면서 얼굴이 점점 어두워졌다.

"그럼 상현달을 보려면 보름이나 더 기다려야 한다는 거네."

"휴, 큰일이다. 나머지 구슬 조각을 빨리 찾아야 할 텐데……."

친구들이 걱정하는 모습에 유니도 마음이 무거워졌다. 친구들을 위해 뭔가 할 일을 찾아봐야겠다는 생각이 들었다.

다음 날 유니가 친구들을 급하게 불렀다.

"얘들아, 이제 마지막 조각을 찾으러 가자."

"어떻게? 벌써 상현달이 떴어? 이제 돌리면 정말 될까?"

마르스는 걱정이 되었다. 하현달 돌리기에 실패했던 기억이 떠올랐기 때문이다.

"아니, 그렇지만 아래가 볼록한 그릇 모양의 반달을 찾을 수 있을 것 같아. 내가 아빠에게 여쭈어 봤더니, 너희가 말한 아래가 볼록한 반달을 볼 수 있는 곳이 있대."

"정말? 그럼 뒤집기나 돌리기를 하지 않아도 되는 거야? 아이고, 괜히 고생했잖아."

마르스는 정말 다행이라고 생각했다.

"나두 아래루 볼록한 반달이 있을 거라고는 생각도 못했어. 내가 본 반달은 달이 보름달로 차오를 때의 상현달과 그믐으로 줄어들 때의 하현달로 모두 오른쪽이나 왼쪽이 볼록했거든."

이어 잠시 뜸을 들이던 유니가 미안한 듯 말했다.

"그런데 여기서는 볼 수 없어."

"뭐라고! 그럼 진짜 있기는 한 거야?"

"그러니까 찾으러 가자는 거지."

"어디로 가면 볼 수 있는데? 얼른 알려 줘."

새토르는 빨리 깨진 조각을 찾고 싶은 마음에 유니를 재촉했다.

"한 가지 문제가 있어."

"뭐야, 또?"

"이 근처에는 없어. 지구의 북반구에서는 볼 수 없다는 거지."

"있다며?"

"볼 수 있긴 한데 좀 멀리 있는 게 문제이지. 적도 지방에 가야 해. 적도 지방에서는 반달 모양이 지구 ⊛ 북반구나 남반구에서와는 다르게 보인대. 너희들이 찾는 아래가 볼록한 반달을 볼 수 있다고 해."

> ⊛ **북반구**
> 적도 위 북쪽의 반구로 전체 육지의 67퍼센트 이상을 차지하며 전체 인구의 90퍼센트가 산다.

"그래? 적도가 어딘데? 얼른 가자."

"걸어서 갈 수 있는 거리가 아니야. 비행기로도 몇 시간을 가야 한다고."

유니가 걱정스럽게 말했다.

"야호!"

새토르와 마르스는 얼싸안고 춤을 추었다.

"이제 됐어. 마르스, 됐다고!"

유니는 어리둥절해하며 물었다.

"너희들, 어떻게 가려고?"

"걱정 마. 우리가 판테온에서 왔다는 걸 드디어 네게 보여 줄 때가 왔어."

새토르와 마르스는 미소를 지었다.

"유니야, 어디로 가면 되니?"

"뭐야, 우주선이라도 있는 거야?"

"걱정 말고 어서 위치를 말해 봐."

"케냐."

"좋았어. 이제 출발하자."

새토르와 마르스는 벽장문을 열었다.

"뭐야, 이게 우주선이야?"

"우리가 올 때도 이 벽장으로 왔거든. 우리가 간절히 원하면 케냐로 갈 수 있을 거야."

세 아이들은 벽장으로 들어가 벽장문을 닫았다.

"자, 유니야, 네가 큰 소리로 외쳐 봐."

유니는 깜깜한 벽장 속에서 "케냐!"라고 크게 외쳤다.

"아!"

그 순간 몸이 붕 뜨더니 어딘가로 빨려 들어가는 것 같았다.

'쿵!'

세 아이들은 어딘가에 떨어진 느낌에 질끈 감았던 눈을 살짝 떴다.

"다 온 거야?"

주변이 온통 깜깜했다. 마르스는 손가락으로 불을 만들어 주위를 살폈다.

어찌 된 일인지 쇠문이 앞을 가로막고 있었다.

"새토르, 문을 열어 봐."

'끼이익.'

세 아이들은 문 밖으로 나왔다.

넓은 평야가 보이고 깜깜한 밤하늘에 별들이 가득했다.

"케냐에 온 거 맞아?"

그때 마르스가 소리쳤다.

"저기를 봐. 하늘에 우리가 찾는 모양이 있어."

유니와 새토르가 얼른 하늘을 올려다보았다.

정말 밤하늘에 아래가 볼록한 그릇 모양의 달이 떠 있었다.

"깨진 오메가 구슬의 마지막 조각이 맞을까?"

새토르가 떨리는 목소리로 말했다.

"분명히 맞을 거야."

유니는 친구들을 격려했다.

"그래, 주문을 외쳐 보자."

"하나, 둘, 셋. 마르카, 새르퐁, 얍!"

새토르와 마르스는 반달을 가리키며 주문을 외쳤다. 그러자 반달에서 섬광이 뻗더니 한 줄기 큰 빛이 어디론가 올라갔다.

드디어 오메가 구슬의 마지막 조각을 찾은 것이다.

"야호! 성공이야!"

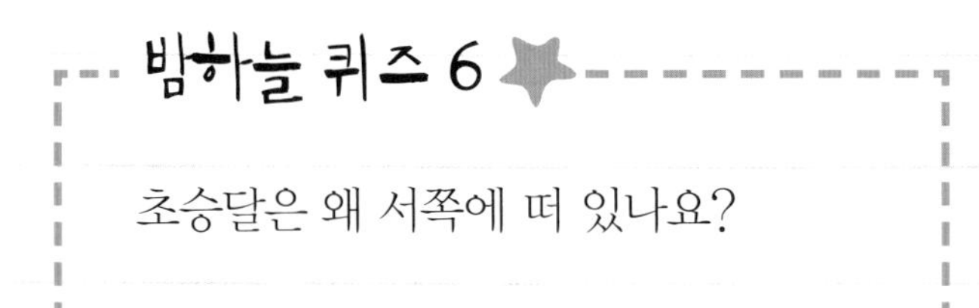

8. 바닷물의 기적

'풍덩!'

"으악, 이게 뭐야? 살려 줘!"

마르스가 허우적거리며 소리쳤다.

새토르는 차가운 물속에서 친구들을 찾았다.

"유니야, 어디 있니?"

"응, 나 좀 잡아 줘. 여기가 어디야?"

"나두 몰라. 이번에는 좀 잘못 떨어진 것 같지?"

새토르는 헤엄을 치며 장난스럽게 말했다.

"새토르, 웃을 일이 아냐. 난 수영을 못한다고. 물이 싫어."

마르스가 두 팔을 휘적이며 소리쳤다.

"바다인 것 같아."

유니는 새토르를 꼭 잡고 있었지만 바다라는 생각에 두려움이 밀려왔다.

"도대체 이게 어떻게 된 거야?"

마르스가 투덜댔다.

"얘들아, 내 잘못인 것 같아. 케냐가 너무 더워서 내가 잠시 물 생각을 했나 봐. 시원한 물속에 들어갔으면 하고 생각했거든. 진짜 잠깐이었는데……. 미안."

"뭐라고!"

그렇다. 유니의 집으로 돌아가려던 세 아이들은 새토르가 간절히 바란 물속으로 떨어졌던 것이다.

"얘들아, 미안. 내가 그만 실수를 했어. 대신 날 잡아. 새르카, 새르퐁!"

새토르는 자신의 몸을 튜브처럼 부풀리는 주문을 외쳤다.

"새토르, 어떻게 된 거야?"

"유니야, 얘는 물속에서 가끔 이러고 놀아."

"얘들아, 내 몸을 꼭 잡아."

"휴, 이제 좀 살겠네. 그래도 난 물이 싫어.

도대체 여기가 어디야? 어떻게 나가야 해?"

마르스는 여전히 두 발을 바동거리며 연신 물을 튀겼다.

"아야!"

마르스가 바동거리다가 무언가에 부딪쳤다.

"얘들아, 바닥에 뭔가 부딪치는데?"

"그러게. 나도 바닥에 발이 닿네."

"바닷물이 점점 줄어들고 있는 것 같아."

"다행이다. **썰물인가 봐.**"

유니도 바닥으로 발을 뻗었다. 바닥이 닿았다. 정말 아까보다 물이 얕아져 있었다.

썰물 때는 바닷물이 줄어들어 바닥이 드러난다.

"썰물?"

"응. 다행이야. 바닷물이 점점 빠질 거야."

수면이 점점 낮아지더니 어느새 바닥이 드러나기 시작했다.

세 아이들을 허우적거리게 했던 바닷물은 이제 저 멀리에서 출렁이고 있었다.

"와! 물이 다 어디로 간 거야?"

마르스는 그 많던 물이 다 어디로 빠져나갔는지 궁금했다.

"태양과 달 때문에 이런 일이 생기는 거야."

"지구의 위성, 달? 우리한테는 정말 고마운 달인데."

다행히 마르스도 기분이 좋아진 듯했다.

"**밀물과 썰물은 달과 태양의 ★ 인력 때문에 생겨.** 밀물은 물이 차오르는 것이고, 썰물은 지금처럼 물이 빠져나가는 것이지."

> **★ 인력**
> 질량을 가진 물체가 서로 끌어당기는 힘

"물이 어디로 갔다가 다시 오는 거야?"

"지구의 다른 양 끝으로 갔다가 다시 돌아오기를 반복해."

"난 또 새토르가 물을 없애는 마법을 썼나 했지."

마르스가 새토르를 놀렸다.

"난 아직 그렇게 큰 마법은 쓰지 못해!"

미안한 마음에 한마디도 못하고 있던 새토르가 발끈했다.

"새토르, 이제 힘이 난다. 크크크."

"뭐야, 이제 그만 놀려. 암튼 우리 모두 살았잖아. 다행이다."

새토르도 기분이 좀 나아졌다.

"지구와 달, 태양 사이에는 서로 끌어당기는 힘, **만유인력**이 작용하거든. 우리가 사과를 들고 있다가 놓으면 땅에 떨어지지? 질량을 가진 사과와 지구는 서로 잡아당기는 힘 즉 인력이 있는데, 이 경우 지구에 비해 질량이 아주 작은 사과가 땅에 떨어지는 거야."

"인력?"

"응, 태양과 달이 서로 잡아당기면서 힘겨루기를 하는 거지."

"뭐? 태양은 지구에 비해서 엄청 큰데, 힘으로 어떻게 태양과 맞먹는다는 거야?"

"그렇지만 태양은 아주 멀리 있잖아."

태양, 달, 지구가 서로 잡아당긴다니 신기했다.

"그런데 사실 그게 그렇게 간단하지만은 않아. 지구와 달 사이에 인력이 작용할 때, 지구가 자전하면서 생기는 원심력도 동시에 영향을 주기 때문에 밀물과 썰물이 생기는 거야."

"새토르, 여기 봐. 태양과 달과 지구가 나란히 있을 때 가운데로 물이 몰리지? 그때 그곳이 밀물이 돼."

"그럼 지구의 위아래 쪽은 물이 빠지는 썰물이 되는구나."

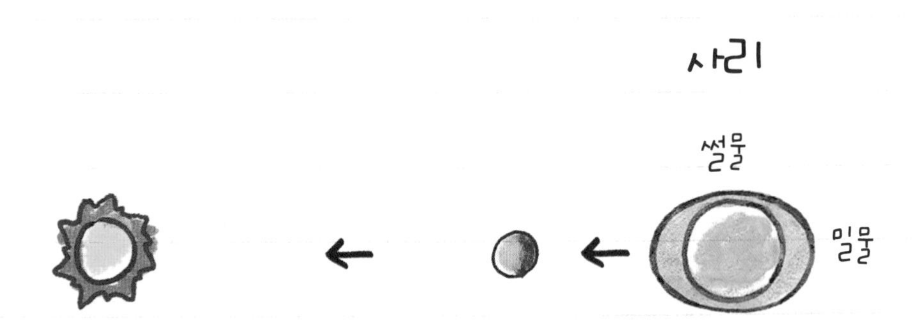

새토르는 금세 이해했다.

"맞아. 지구의 물이 달 쪽으로 당겨지면 물이 많아져서 밀물이 되

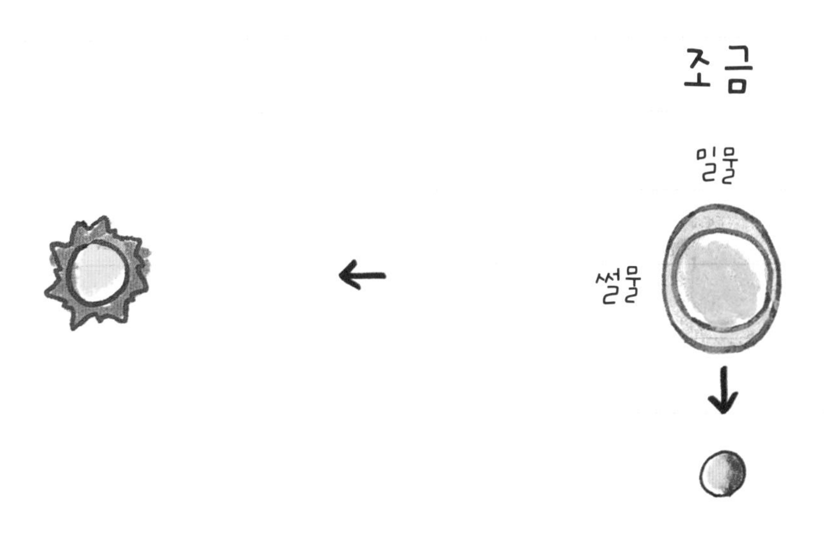

고, 달 쪽이 아닌 양 옆쪽은 썰물이 되는 거야. **태양과 달과 지구가 나란히 있을 때 밀물과 썰물의 차이가 심한데 이걸 사리라고 해.**"

"와! 우리가 바다에 떨어졌을 때가 마침 썰물 때였나 보구나."

"**상현달이나 하현달일 때는 밀물과 썰물의 차이가 크지 않아.** 왜냐하면 달이 지구를 당기는 힘의 방향과 태양이 당기는 힘의 방향이 달라서 밀물과 썰물의 차이가 그리 크지 않게 되거든. 이때를 조금이라고 해."

"멀리 있는 태양도 영향을 미치는구나. 태양의 힘은 정말 강력한가 봐."

"그렇지만 달보다는 적게 영향을 줘. 달은 지구와 가까이 있어서

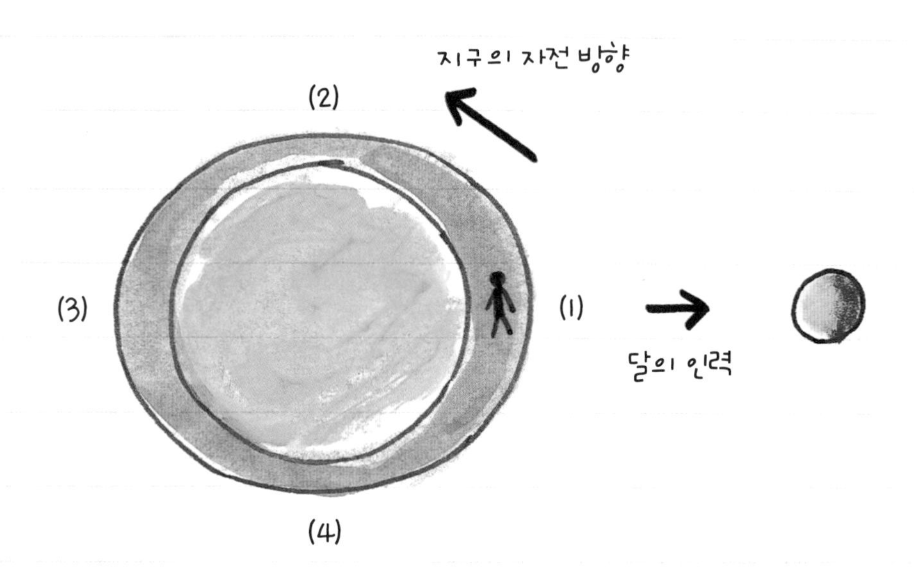

달이 미치는 힘이 아무래도 태양보다는 크지. 하지만 태양도 **사리**와 **조금**일 때 영향을 준다는 거!"

"유니야, 밀물과 썰물은 한 달에 몇 번이나 생기는 거야? 우리는 진짜 행운이었나 봐."

마르스는 바다에 빠진 것은 불행이지만 그나마 썰물이었던 게 정말 행운이라고 생각했다.

"맞아. 우리가 바다에 떨어졌을 때 막 썰물이 시작되어 물이 빠지기 시작한 거야. 정말 다행이었어."

유니도 물에 빠졌을 때를 생각하며 몸을 떨었다.

유니는 축축한 바닥에 그림을 하나 그린 뒤 마르스에게 물었다.

"마르스, 지구는 하루에 몇 바퀴 돌지?"

"한 바퀴 돌지."

"그림을 봐. 내가 (1) 위치에 있다고 할 때 지구 자전에 따라 (1) 밀물 → (2) 썰물 → (3) 밀물 → (4) 썰물, 이렇게 밀물과 썰물이 각각 하루에 두 번씩 생기는 거야."

"그럼 밀물과 썰물은 날마다 같은 시각에 일어나겠네?"

"그렇다면 얼마나 좋겠어. 하지만 그렇지 않아. 달의 공전 때문에 밀물과 썰물이 일어나는 시각이 매일 같지 않아. 관찰자가 이 위치에서 하루에 한 바퀴 도는 동안 달은 12도만큼 앞에 가 있으니까 50분 정도 더 걸리는 거야."

"그럼 몇 시간 후엔 또 밀물이 된다는 거야?"

잠자코 듣고 있던 새토르가 불쑥 끼어들었다.

"그래. 우리가 걷는 이 길은 좀 전까지는 바다였지만 지금은 물이 빠져서 길이 열린 거야. 얼마 후에는 다시 이 길에 물이 차서 땅이 없어지고 바다가 될 테니 얼른 걸어 나가야 해."

"바다에 길이 생겼다가 없어진다고!"

마르스와 새토르는 할 말을 잊은 채 엄청난 바닷물이 밀려들었다 쫙 빠져나가는 모습을 상상했다. 지구는 알면 알수록 놀라웠다. 신기한 일이 많다 보니 판테온까지 이 길이 쭉 이어지지 않을까 하는

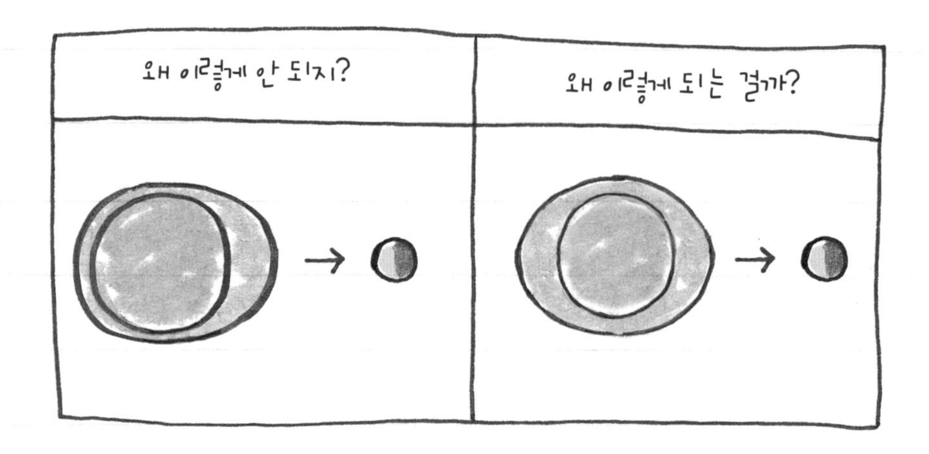

생각까지 들었다.

"유니야, 그런데 궁금한 게 있어."

새토르는 아까부터 이상하다고 생각한 것이 있었다.

"달의 인력이 작용해 바닷물을 당길 때 왜 달이 있는 쪽만 밀물이 되는 것이 아니라 반대쪽도 밀물이 되는 거야?"

"그건……."

유니는 과학 시간에 선생님 설명을 열심히 듣길 잘했다는 생각이 들었다.

"그건 **밀물과 썰물이 생기는 데에는 달과 태양의 인력뿐만 아니라 지구 자전에 의한 원심력도 영향을 미치기 때문이야.** 아까 내가 말한 것처럼 달과 가까운 곳은 달의 인력에 의해서 밀물이 되고 반대편은 지구 자전에 의해 생기는 원심력에 의해 밀물이 되는 거지. 한 번은 달의 인력에 의해 생긴 밀물, 또 한 번은 지구 자전에 의한 원심력 때문에 생긴 밀물인 셈이지."

"아하, 그렇구나."

"역시 지구는 복잡하고 신비한 행성이야."

"하하하."

마르스의 말에 모두 환하게 웃었다.

"마르스가 복잡하다고 하니 내가 실험을 또 하나 보여 줘야겠다."

"아이고, 또 뭐야?"

마르스는 유니의 말에 엄살을 떨었다.

"지구의 자전, 회전에 대해서 알려 줄게. 여기 빨대가 있어."

"넌 빨대도 가지고 다니니?"

"케냐에서 음료수를 사 먹고 빨대를 주머니에 넣었나 봐. 이렇게 쓸 줄이야!"

"역시 유니구나. 크크."

새토르가 마르스와 유니의 대화에 끼어들었다.

"그럼 시작해 봐."

유니는 반원 모양의 조개껍데기를 주워 빨대 한쪽에 붙이면서 말했다.

"빨대를 중심으로 이 반원을 한 바퀴 돌리면 어떻게 될까?"

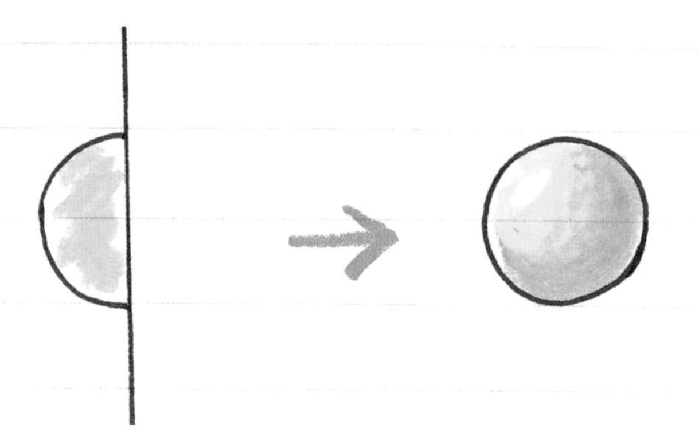

"원이 되는 건가?"

"아, 공 모양이 될 것 같은데!"

"맞아, 공 모양. 이 빨대를 회전축으로 한 바퀴 돌리면 구가 되는 거지. 지구도 처음 생겼을 때는 구 모양이 아니었대. 원반처럼 생겼던 지구가 중력 때문에 중심으로 빨려 들면서 일정한 힘이 작용하게 되어 지금처럼 구 모양이 된 거지."

"이 빨대가 축이라…… 그럼 23.5도 기울어졌다는 그 축을 말하는 거야?"

"오, 마르스, 이제 지구에서 살아도 되겠는걸."

유니의 칭찬에 마르스는 기분이 좋아졌다.

"마르스, 사각형을 회전시키면 어떻게 될까?"

유니는 땅바닥에 사각형을 그리고 한쪽에 빨대를 놓았다.

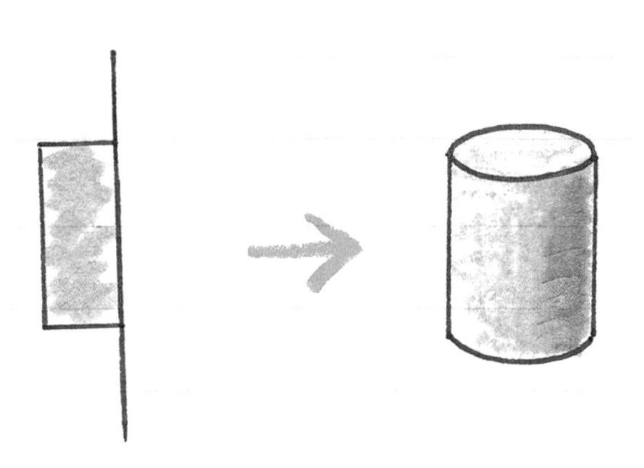

마르스는 땅바닥에 그림을 그려 보며 이리저리 궁리했다.

"기둥! 판테온 신전에 있는 기둥같이 될 것 같아."

새토르는 판테온 신전의 기둥이 떠올랐다.

"맞아. **원기둥은 하나의 직선이 그와 나란한 다른 직선의 둘레를 한 바퀴 돌았을 때 생기는 곡면**을 말해. 우리 주위에서 흔하게 볼 수 있지. 네 말처럼 건물의 기둥에 많아."

"한 번 더 해 보자."

재미가 난 새토르가 말했다.

"좋아, 새토르. 여기 삼각형을 돌리면 어떻게 될까?"

유니는 바닥의 사각형을 지우고 삼각형을 그렸다.

"이건……."

새토르도 땅바닥에 그림을 그리며 이리저리 궁리하였다.

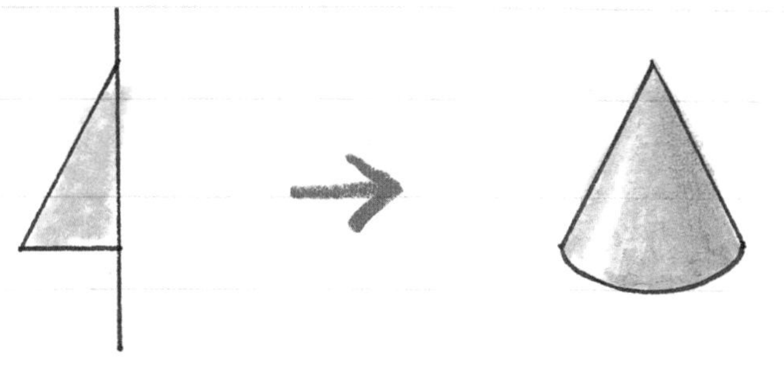

"찾았다! 고깔 모양이야."

새토르는 판테온 사람들이 쓰고 다니던 고깔모자가 생각났다.

"맞았어. 원뿔이라고도 해. **원의 평면 밖의 한 점과 원둘레의 모든 점을 서로 연결하여 생긴 ★ 선분 전체와 그 원으로 둘러싸인 입체 도형**을 말하지."

> ★ **선분**
> 양쪽에 끝나는 점이 있는 직선의 부분

"원뿔 모양? 당근 같은 거?"

마르스는 당근을 먹었던 생각이 떠올랐다.

"맞아, 당근같이 생긴 거!"

"아, 먹는 거 생각하니까 배고프다."

새토르가 침을 꼴깍 삼키며 말했다.

"난 아까 유니가 사과라고 말할 때부터 배가 고팠다고."

마르스는 배를 만지며 입맛을 다셨다.

"사과 한 개라도 있으면 우리 셋이 나눠서 정말 맛있게 먹을 텐데……."

"먹는 이야기 하니까 더 배가 고프잖아. 자, 먹는 이야기는 그만하고…… 사과? 좋아. 사과 같은 구름 이렇게 자르면 어떤 모양이 되겠니?"

유니가 이번에는 사과 모양에다 선을 그으며 물었다.

"내가 사과를 한번 잘라 볼게."

"뭐? 사과가 어디 있다고……."

유니는 마르스의 말에 깜짝 놀랐다.

"마르카, 얍!"

마르스의 주문에 사과가 나타났다.

"엉? 깜짝이야. 마르스 너 대단하구나."

"유니야, 이 정도의 마법은 할 수 있다고. 크크크."

"그 마법 진작 좀 보여 주지."

"나도 될 줄 몰랐어. 너무 배고파서 간절히 원했나 봐."

마르스의 말에 다들 웃음이 터졌다.

"자, 일단 잘라 보고, 얼른 먹자."

"칼이 없어. 마법으로 칼도 만들 수 있어?"

"한번 해 볼까?"

마르스가 다시 주문을 걸었다.

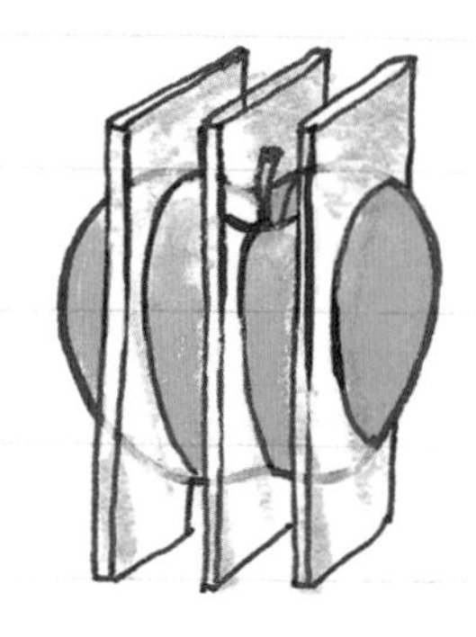

"마르카, 얍!"

이번에는 칼이 나타났다.

"와, 마르스 너 대단하다."

유니가 감탄하며 칼로 사과를 잘라 보았다.

"원이 나오네."

이번에는 새토르가 다른 방향으로 잘라 보았다.

"이렇게 세로로 자르면? 이것도 원이 나오는데."

"내가 사선으로 잘라 볼게."

유니가 다시 나섰다.

"사선?"

"비스듬히 자르는 거."

"사선으로 잘라도 원이 나온다."

유니와 친구들은 둥근 사과를 가로, 세로, 사선으로 잘라 보았다. 모두 둥근 모양이었다.

"구를 자르면 그 단면은 원이 되는구나."

새토르는 지구가 이렇게 복잡하면서도 신기한 이유는 구 모양이기 때문이 아닐까 생각했다.

유니와 마르스와 새토르는 이리저리 자른 사과를 공평하게 나눴다. 맛있게 먹던 새토르가 불쑥 질문했다.

"유니야, 그럼 원기둥은 어떨까?"

마르스가 사각형을 돌려 원기둥 모양을 만들었던 생각이 난 것이다.

"둥근 원기둥을 잘라 먹으려면……."

유니는 아직 배가 고파서 먹는 것 생각부터 났다.

"아, 무! 마르스, 무가 먹고 싶어."

"마르카, 얍!"

먹음직스러운 커다란 무가 나타났다.

"새토르, 얼른 잘라 봐."

마르스도 침을 꼴깍 삼키며 새토르를 재촉했다.

'쓰윽.'

"원이 나오네. 뭘 잘라도 원이 나오는구나."

"새토르, 세로로 잘라 볼래?"

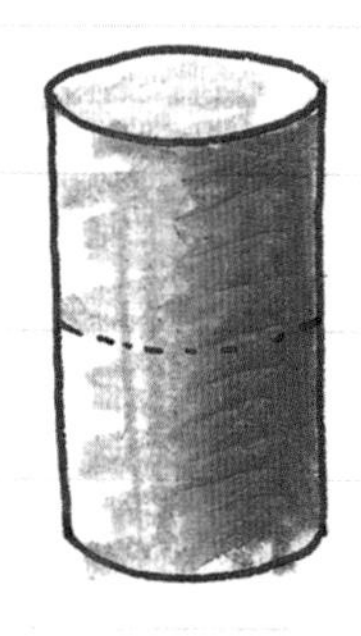

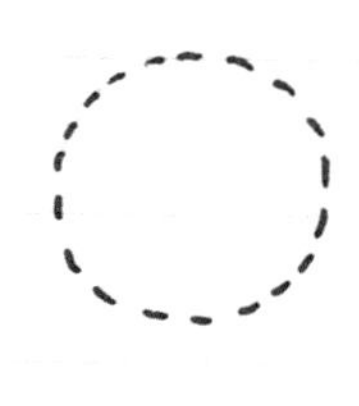

새토르는 당연히 원이 나올 거라고 생각하며 잘랐다. 그런데 사각형이 나오는 것이었다.

"세로로 한 번 더 잘라 봐."

새토르는 유니의 말을 듣고 세로로 한 번 더 잘랐다.

"아, 이게 돌리기 전의 처음 사각형이구나."

새토르는 이제 회전체에 대해 잘 이해가 되었다.

세 친구들이 땅바닥에 앉아서 열심히 자르고 먹는데 멀리서 인기척이 들렸다.

"어? 이건 무슨 소리지?"

"저기 봐. 사람들이 이쪽으로 온다."

유니가 가리키는 곳을 보니 정말 사람들이 뭔가를 하나씩 들고 바다 쪽으로 들어오고 있었다.

"정말. 수영하러 오는 거야?"

"아니. 너희들 발밑을 봐."

걸으려는데 발이 잘 떨어지지 않았다. 땅이 까맣고 찐득찐득했다.

"이런 곳을 갯벌이라고 해. **썰물 때 바닷물이 빠지면 이런 갯벌이 나타나거든.** 이 갯벌에는 조개랑 게랑 낙지 같은 보물이 많아. 자연이 주는 혜택이지."

"보물?"

마르스는 보물이라는 말에 깜짝 놀랐다.

발밑에 하얗고 매끈한 조개가 반짝 빛났다. 새토르는 작고 예쁜 조개 하나를 집어 들어 유니에게 보여 주었다.

"이거? 나 보물 찾았다. 오메가 구슬 조각 찾는 거에 비하면 여기 보물은 찾기 쉽네. 하하하."

"맞아. 그런데 점점 보물 찾기가 어려워지고 있어서 걱정이야."

유니는 혼잣말처럼 중얼거렸다.

새토르는 보드라운 조개껍데기를 만지며 생각했다.

'이제 곧 지구를 떠나야 할 것이다. 판테온에서도 이 아름다운 지구를 볼 수 있겠지?'

유니와 지구가 무척이나 그리워질 것 같았다.

'지구는 참 복잡하면서도 신비하고 아름다운 행성이야.'

달달 무슨 달

날마다 달의 모양이 바뀌는 것이 신기하지 않나요? 초승달, 상현달, 보름달, 하현달, 그믐달이 매월 반복됩니다. 달의 모양이 바뀌는 것은 달이 지구 주위를 공전하고 있기 때문입니다. 달의 모양이 보름달에서 다음 보름달이 될 때까지를 삭망월이라고 하며 걸리는 시간은 29.5일이 됩니다.

또한 달은 자전하면서 동시에 공전도 하는데 그 주기가 같아서 우리는 달의 뒷면을 볼 수가 없습니다.

달빛은 태양 빛입니다. 달이 태양 빛을 반사하는 것이죠. 달과 태양의 위치와 지구에서 보는 관측자의 위치에 따라 밤하늘의 달 모양은 제각각 다르게 보입니다.

지금부터 이런 달의 모양 변화를 집에서 쉽게 실험하는 방법을 알려 드릴게요. 실험 준비물은 집에서 간단히 준비할 수 있어요. 전등과 스티로폼 공(지름 5~10센티미터), 가는 빨대 또는 꼬치 꽂이만 있으면 됩니다.

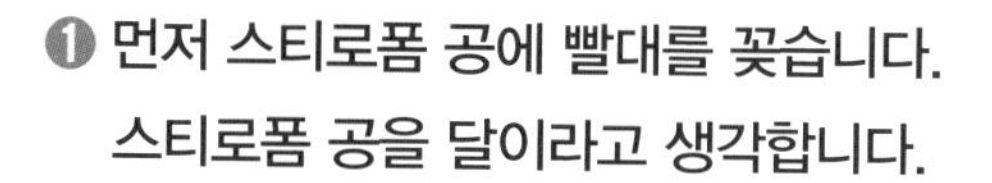

❶ 먼저 스티로폼 공에 빨대를 꽂습니다.
스티로폼 공을 달이라고 생각합니다.

❷ 전등을 켭니다.

❸ 전등을 오른쪽에 두고 스티로폼 공을
한 손으로 들어 바라봅니다.(상현달)

❹ 스티로폼 공을 들고 전등을 등지고
서 보세요.(보름달)

❺ 전등을 왼쪽에 두고 스티로폼 공을
한 손으로 들어 바라봅니다.(하현달)

❻ 스티로폼 공을 들고 전등을 마주 보세요.
어떻게 보이나요?(그믐달)

* 주위는 어두울수록, 전등은 밝을수록 실험하기에 좋습니다. 스티로폼 공의 위치를 전등과 다르게도 해 보세요. 달의 모양이 다르게 보이는 것을 알 수 있습니다.

상현달

보름달

하현달

그믐달

새토르와 마르스를 떠나보내며

유니와 마르스, 새토르는 벽장 앞에서 머뭇거렸다.

"유니야, 그동안 고마웠어."

"너희를 만나서 정말 즐거웠어."

"네가 아니었다면 우린 오메가 구슬 조각을 찾을 수 없었을 거야. 정말 고마워."

마르스와 새토르는 선뜻 벽장 안으로 들어가지 못했다.

"유니야, 너도 함께 판테온으로 가지 않을래?"

"그래. 판테온도 지구처럼 재미있는 곳이야. 이번에는 내가 판테온에 대해서 가르쳐 줄 게 많을 텐데."

마르스는 유니에게 판테온에 대해 어떤 이야기를 들려줄까 벌써

들떠 있는 듯했다.

"하하하. 마르스, 고마워. 나도 판테온에 가고 싶어. 하지만 엄마, 아빠가 걱정하실 것 같아. 난 이곳 지구에서 너희들을 생각할게."

아이들은 헤어지는 게 무척 서운했다.

"마르스, 판테온은 여기처럼 덥지 않을 테니 이제 좀 편안해지겠네."

"유니야, 그렇지만 네가 무척 그리울 거야."

"나도 너희들이 무척 그리울 것 같아. 난 밤하늘을 볼 때마다 판테온에서 사는 너희를 생각할 거야."

"그래. 우리도 판테온에서 지구를 볼 때마다 네가 보고 싶겠지."

유니가 벽장문을 열었다.

"얘들아, 어서 가야지. 오메가 구슬이 태양계의 질서를 지켜 준다면서. 얼른 가서 오메가 구슬을 보아야지."

마르스는 유니에게 인사하고 벽장 안으로 들어갔다.

"유니야, 너를 절대로 잊지 못할 거야. 잘 지내."

"안녕. 나도 너희가 보고 싶을 거야. 잘 가."

새토르도 벽장 안으로 들어가 문을 닫았다.

방 안은 고요했다. 벽장 안에서도 아무 소리가 나지 않았다.

순간 유니는 따라가고 싶은 마음이 울컥 들었다.

"얘들아!"

큰 소리로 친구들을 부르며 벽장문을 열었다. 그런데 벽장 안에는 옷가지뿐이었다.

'갔구나.'

유니는 한숨을 쉬었다. 새토르, 마르스와 함께했던 며칠이 꿈만 같았다.

"아빠, 별 보러 가요!"

오늘도 유니는 아빠를 졸랐다.

"아이고, 매일 별 보러 가자고 하니? 별 보는 게 그렇게 좋아?"

"네. 하늘에 있는 별을 다 보고 싶단 말이에요."

유니는 친구들이 판테온으로 돌아간 후 매일 아빠를 졸라서 별을

보러 갔다. 밤하늘의 별을 하나씩 관찰하다 보면 판테온을 찾을 수 있을 것 같았다.

언덕을 오를 때마다 친구들과 함께 이야기했던 기억이 떠올랐다. 해가 뜰 때마다, 별을 볼 때마다, 달을 볼 때마다 친구들이 그리웠다.

더위 때문에 힘들어하던 마르스, 호기심이 많아 자꾸만 물어 보던 새토르. 저기 밤하늘 어딘가에 있을 것 같았다.

판테온 신전은 태양계 주위에 떠 있다고 했으니 언젠가는 볼 수 있지 않을까 싶었다.

깨진 오메가 구슬 조각은 잘 맞췄을까?

주피토르는 만났을까?

지금쯤 뭘 하고 있을까?

나를 기억할까?

"와, 오늘은 목성이 잘 보이는구나. 유니야, 여기 좀 보렴."

유니는 멍하니 밤하늘을 바라보고 있었다.

"유니야, 무슨 생각을 그렇게 하니?"

"아빠, 밤하늘이 정말 아름다워요."

"그렇구나. 오늘따라 하늘이 맑구나. 이것 좀 보렴. 오늘은 목성이 선명하게 보이는구나."

유니는 천체 망원경을 들여다보았다. 정말 목성이 또렷하게 보였

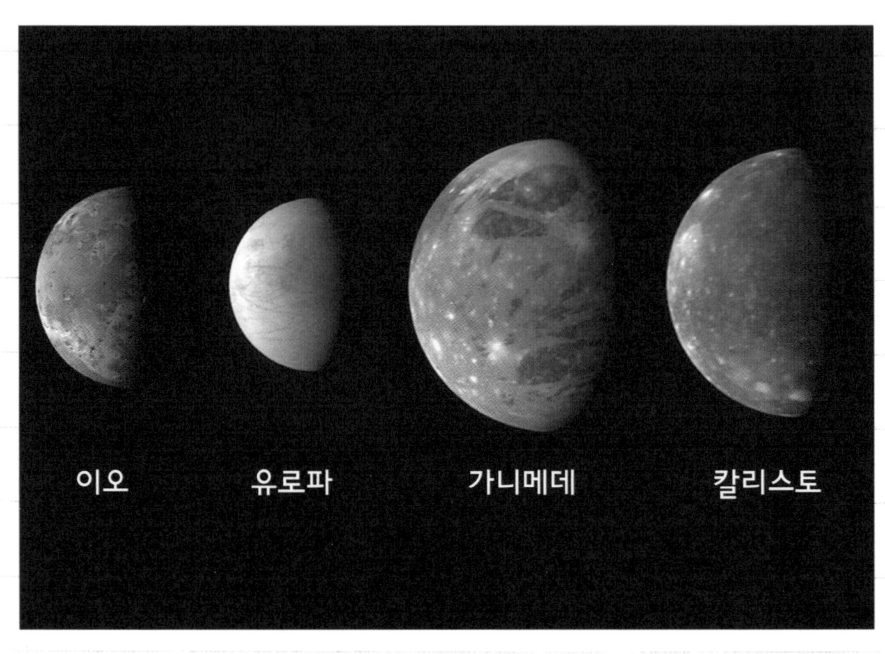

목성의 4대 위성. 천체 망원경으로 볼 수 있다.

다. 그 옆에 목성의 위성도 작게 빛나고 있었다.

"요건 이오, 유로파, 가니메데, 칼리스토."

그때 옆으로 뭔가 움직이는 게 보였다.

"어? 위성 옆에 움직이는 게 뭐지?"

유니는 망원경에 눈을 대고 집중했다. 아직도 뭔가 희미하게 움직이는 것이 보였다.

'혹시, 판테온?'

유니는 가슴이 뛰었다.

"아빠, 여기 좀 보세요. 목성 주변에 이상한 게 움직이고 있어요."

"응? 어디 보자."

아빠는 한참을 들여다보았다.

"뭐, 안 보이는데?"

"그래요?"

유니는 밤하늘을 올려다보았다. 어쩌면 친구들이 유니를 보러 왔던 게 아닐까 싶었다. 저 멀리 반짝이는 별들 사이로 친구들의 모습이 보이는 것 같았다.

밤하늘 퀴즈 정답

퀴즈 1

태양계 행성에는 수성, 금성, 지구, 화성, 목성, 토성, 천왕성, 해왕성이 있습니다. 이 행성들은 태양과 행성 간의 만유인력 때문에 케플러의 제1법칙처럼 태양의 둘레를 원이 아닌 타원으로 돌고 있습니다. 태양뿐만 아니라 행성과 행성 사이에도 만유인력이 작용하기 때문에 타원으로 돌고 있는 것이지요. 지구 위성인 달은 지구와 달 사이의 만유인력 때문에 지구 주위를 타원으로 돌고 있습니다.

퀴즈 2

지금처럼 길을 알려 주는 첨단 장치들이 없었을 때는 북극성을 기준 삼아 목적지로 이동하였습니다. 북극성은 거의 이동하지 않고 항상 북쪽 하늘에 있기 때문이지요. 바닷길을 이동할 때, 산에서 길을 잃고 헤맬 때 북극성을 찾으면 동서남북을 쉽게 알 수 있기 때문에 지금까지도 북극성을 길잡이별이라고 합니다.

퀴즈 3

12시간입니다. 간혹 '시간'과 '시각'을 잘못 사용하는 경우가 있는데, 시각은 어느 한 시점을 나타내는 것입니다. '아침 8시에 일어납니다.' 할 때 8시는 시각이 됩니다. 시간은 어떤 시각에서 어떤 시각까지의 사이를 말하는 것으로 오전 9시에서 오후 9시까지 여행을 했다면 12시간 걸린 셈이에요.

퀴즈 4

아침에 태양이 동쪽에서 떠서 서쪽으로 지고, 저녁에 달이 뜨고 지고, 별이 떠서 움직이는 현상들이 있습니다. 우리가 하늘을 관찰할 때 태양을 포함한 별, 행성, 달 등은 동쪽에서 떠서 서쪽으로 집니다. 이것은 지구가 서쪽에서 동쪽으로 자전하기 때문에 나타나는 현상이에요. 이러한 지구의 자전 때문에 낮과 밤이 생깁니다.

퀴즈 5

돌보기로 달빛을 모을 수 있습니다. 달은 태양 빛을 반사하기 때문에 달빛은 태양 빛이라고도 할 수 있지요. 낮에는 당연히 돋보기로 태양 빛을 모아서 종이를 태울 수 있습니다. 그럼 달이 어떤 모양일 때 종이를 잘 태울 수 있을까요? 탐구심 많은 여러분이 돋보기를 들고 나가서 직접 실험해 보는 건 어떨까요?

퀴즈 6

초승달은 아침에 동쪽에서 태양과 같이 뜨는데 태양의 밝은 빛 때문에 낮 동안 보이지 않습니다. 태양이 지고 나면 서쪽에 떠 있던 초승달이 서서히 밝아지는데 이때 마치 서쪽에서 뜬 것처럼 보이지요. 북반구에서 달은 달의 모양과 상관없이 항상 동쪽에서 떠서 남쪽을 거쳐 서쪽으로 집니다. 하지만 남반구에서는 동쪽에서 떠서 북쪽을 거쳐 서쪽으로 집니다.

융합인재교육(STEAM)이란?

새로운 수학·과학 교육의 패러다임

"지구는 둥근 모양이야!"라고 말한다면 배운 것을 잘 이야기할 수 있는 학생입니다.

"지구가 둥글다는 것을 어떻게 알게 되었나요?"라고 질문한다면, 그리고 그 답을 스스로 생각해 보고 궁금증에 대한 흥미를 느낀다면 생활 주변에서 배우고 성장할 수 있는 학생입니다.

미래 사회는 감성과 창의성으로 학문의 경계를 넘나드는 융합형 인재를 필요로 합니다. 단순한 지식을 주입하지 않고 '왜?'라고 스스로 묻고 찾아볼 수 있어야 합니다.

미국, 영국, 일본, 핀란드를 비롯해 많은 선진 국가에서 수학과 과학 융합 교육에 힘쓰고 있습니다. 우리나라에서도 창의 융합형 과학 기술 인재 양성을 위해 교육부에서 융합인재교육(STEAM) 정책을 추진하고 있습니다.

융합인재교육(STEAM)은 과학(Science), 기술(Technology), 공학(Engineering), 예술(Arts), 수학(Mathematics)을 실생활에서 자연스럽게 융합하도록 가르칩니다.

〈수학으로 통하는 과학〉 시리즈는 융합인재교육 정책에 맞추어, 수학·과학에 대해 학생들이 흥미를 갖고 능동적으로 참여하며 스스로 문제를 정의하고 해결할 수 있도록 도와주고 있습니다.

스스로 깨치는 교육! 과학에 대한 흥미와 이해를 높여 예술 등 타 분야를 연계하여 공부하고 이를 실생활에서 직접 활용할 수 있도록 하는 것이 진정한 살아 있는 교육일 것입니다.

사진 저작권

7쪽 Credit: NASA
32쪽 Credit: NASA/JPL
35쪽 Credit: NASA; ESA; G. Illingworth, D. Magee, and P. Oesch, University of California, Santa Cruz; R. Bouwens, Leiden University; and the HUDF09 Team
66쪽 Credit: NASA
93쪽 ⒸⒾⓄ LCGS Russ
116쪽 ⓒ서원호
126쪽 Digital Sky LLC
129쪽 Credit: NASA, ESA, A. Fujii
148쪽 ⒸⒾⓄ Luc Viatour
151쪽 Credit: NASA
201쪽 ⓒ서원호
208쪽 Credit: NASA/JHU-APL/Southwest Research Institute

6 수학으로 통하는 과학

초판1쇄 발행 2014년 6월 16일
초판6쇄 발행 2021년 4월 26일

지은이 서원호
그린이 최은영
펴낸이 정은영

펴낸곳 (주)자음과모음
출판등록 2001년11월 28일 제2001-000259호
주소 04047 서울시 마포구 양화로6길 49
전화 편집부(02)324-2347, 경영지원부(02)325-6047
팩스 편집부(02)324-2348, 경영지원부(02)2648-1311
이메일 jamoteen@jamobook.com

ISBN 978-89-544-3084-5(44400)
978-89-544-2826-2(set)

이 도서의 국립중앙도서관 출판시도서목록(CIP)은 서지정보유통지원시스템
홈페이지(http://seoji.nl.go.kr)와 국가자료공동목록시스템(http://www.nl.go.kr/kolisnet)에서
이용하실 수 있습니다.(CIP제어번호: CIP2014016330)